普通高等教育高职高专“十三五”规划教材
高等职业教育交通与市政工程规划教材

市政工程项目管理

主　编　黄春蕾
副主编　毛久群
主　审　李红立

黄河水利出版社
·郑州·

内容提要

本书是根据全国住房和城乡建设职业教育教学指导委员会市政类专业指导委员会制定的课程标准，与重庆中科建设(集团)有限公司合作共同编写的教材。全书共分八章，主要包括：市政工程项目管理概论，市政工程招标投标与合同管理，市政工程流水施工，网络计划技术，市政工程项目质量管理，市政工程成本管理，职业健康安全与环境管理，市政工程项目信息化管理等内容。

本书可作为高职高专市政工程专业的教材，也可供从事市政工程工作的技术人员学习参考。

图书在版编目(CIP)数据

市政工程项目管理/黄春蕾主编. —郑州：黄河水利出版社，2021. 1

普通高等教育高职高专“十三五”规划教材　高等职业教育交通与市政工程规划教材

ISBN 978-7-5509-2767-4

Ⅰ. ①市…　Ⅱ. ①黄…　Ⅲ. ①市政工程-工程项目管理-高等职业教育-教材　Ⅳ. ①TU990. 05

中国版本图书馆 CIP 数据核字(2020)第 140906 号

出 版 社：黄河水利出版社　　网址：www. yrcp. com

地址：河南省郑州市顺河路黄委会综合楼 14 层　　邮政编码：450003

发行单位：黄河水利出版社

发行部电话：0371-66026940、66020550、66028024、66022620(传真)

E-mail：hhslcbs@ 126. com

承印单位：河南承创印务有限公司

开本：787 mm×1 092 mm　1/16

印张：9. 75

字数：225 千字　　印数：1—1 000

版次：2021 年 1 月第 1 版　　印次：2021 年 1 月第 1 次印刷

定价：30. 00 元

前 言

本书是根据全国住房和城乡建设职业教育教学指导委员会市政类专业指导委员会制定的课程标准,与重庆中科建设(集团)有限公司合作共同编写的教材。本书在编写过程中充分考虑到高等职业技术教育的教学特点,以教育部对高等职业人才培养目标及与之相适应的知识、技能、能力和素质结构的要求为宗旨,力求满足该专业毕业生的基本要求和业务范围的需要,充分注重学生创新能力和工程实践能力的培养。

针对本课程综合性较强的特点,结合当前高职教育的新理念和项目管理的新知识,吸收重庆中科建设(集团)有限公司等企业在市政项目管理中的经验对原有的课程体系进行了梳理和整合,注重实用性和可操作性,使知识体系更具系统性和完整性。

本书编写人员及分工如下:第 1、2、5 章由重庆建筑工程职业学院黄春蕾编写;第 3 章由重庆建筑工程职业学院黄春蕾、毛久群编写;第 4 章由重庆建筑工程职业学院黄春蕾、袁俊编写;第 6 章由重庆能源职业学院许欢欢编写;第 7 章由重庆建筑工程职业学院季翠华编写;第 8 章由重庆工程学院朱曲平编写。全书由黄春蕾担任主编,并负责全书统稿、修改并定稿;由毛久群担任副主编;由重庆工程职业技术学院李红立教授担任主审。

本书在编写中,参考了许多专家的有关书籍和资料,在此表示感谢!

由于编者水平有限,书中可能存在不足甚至失误之处,希望读者在使用过程中提出宝贵意见,以便以后不断改进完善。

为更好地支持本课程的教学,我们向使用本书的教师免费提供教学课件,有需要者请与出版社联系。

编 者

2020 年 3 月

目　录

第 1 章　市政工程项目管理概论

案例引入：

某市政工程项目由城市道路、城市综合管网等组成，工程于 2018 年 6 月开工，2020 年 4 月竣工。该工程项目如何进行组织管理？

1.1　市政工程项目管理

1.1.1　市政工程项目管理的概念

1.1.1.1　项目

项目指在一定的约束条件（资源条件、时间条件）下，具有明确目标、有组织的一次性活动或任务。项目具有以下特点：

（1）一次性。又称项目的单件性，每个项目都具有与其他项目不同的特点，即没有完全相同的项目。

（2）目标的明确性。项目必须按合同约定在规定的时间和预算造价内完成符合质量标准的工作任务。没有明确目标就称不上项目。

（3）整体性。项目是一个整体，在协调组织活动和配置生产要素时，必须考虑其整体需要，以提高项目的整体优化。

1.1.1.2　市政工程项目

市政工程项目是在一定的约束条件（限定资源、限定时间、限定质量）下，具有完整的组织机构和特定的明确目标的一次性工程建设工作或任务。它具有庞大性、固定性、多样性、持久性等特点。

1.1.1.3　市政工程项目管理

运用系统的理论和方法，对工程项目进行的计划、组织、指挥、协调和控制等专业化活动，称为市政工程项目管理。其内涵是自项目开始至项目完成，通过项目策划和项目控制，使项目的费用目标、进度目标和质量目标得以实现。

1.1.2　市政工程项目管理的类型

在工程项目实施过程中，每个参与单位会依据合同进行项目管理，因此形成了不同的工程项目管理类型。项目管理按管理的责任可以划分为业主方的项目管理（它是建筑工程项目管理的核心，是工程项目生产的总组织者）、设计方的项目管理、施工方的项目管理（包括施工总承包方、施工总承包管理方和分包方的项目管理）、供货方的项目管理、项目总承包方的项目管理。

1.1.3 参与项目建设各主体单位的目标和任务

1.1.3.1 业主方项目管理的目标和任务

业主方项目管理服务于业主的利益,其项目管理的目标包括项目的投资目标、进度目标和质量目标。其中,投资目标指的是项目的总投资目标。进度目标指的是项目动用的时间目标,即项目交付使用的时间目标,如市政道路建成可以通车、市政管道可以启用的时间目标等。项目的质量目标不仅涉及施工质量,还包括设计质量、材料质量、设备质量和影响项目运行或运营的环境质量等。质量目标包括满足相应的技术规范和技术标准的规定,以及满足业主方相应的质量要求。

项目的投资目标、进度目标和质量目标之间既有矛盾的一面,也有统一的一面,它们之间是对立统一的关系。要加快进度往往需要增加投资,欲提高质量往往也需要增加投资,过度地缩短进度会影响质量目标的实现,这都表现了目标之间矛盾的一面;但通过有效的管理,在不增加投资的前提下,也可缩短工期和提高工程质量,这反映了目标之间关系统一的一面。

业主方的项目管理工作涉及项目实施阶段的全过程,即在设计前的准备阶段、设计阶段、施工阶段、动用前的准备阶段和保修期分别进行以下工作:

(1)安全管理。

(2)投资控制。

(3)进度控制。

(4)质量控制。

(5)合同管理。

(6)信息管理。

(7)组织和协调。

其中,安全管理是项目管理中最重要的任务,因为安全管理关系到人身的健康与安全,而投资控制、进度控制、质量控制和合同管理等则主要涉及物质利益。

1.1.3.2 施工方项目管理的目标和任务

施工方作为项目建设的一个参与方,其项目管理主要服务于项目的整体利益和施工方本身的利益。其项目管理的目标包括施工的成本管理、施工的进度目标和施工的质量目标。

施工方的项目管理工作主要在施工阶段进行,但它也涉及设计准备阶段、设计阶段、动用前的准备阶段和保修阶段。在工程实践中,设计阶段和施工阶段往往是交叉的,因此施工方的项目管理工作也涉及设计阶段。

施工方项目管理的主要任务包括:

(1)施工安全管理。

(2)施工成本控制。

(3)施工进度控制。

(4)施工质量控制。

(5)施工合同管理。

(6)施工信息管理。

(7)与施工有关的组织与协调。

施工方是承担施工任务的单位的总称谓,它可能是施工总承包方、施工总承包管理方、分包施工方、建设项目总承包的施工任务执行方或仅提供施工劳务的参与方。

1.1.3.3 设计方项目管理的目标和任务

设计方作为项目建设的一个参与方,其项目管理主要服务于项目的整体利益和设计方本身的利益。其项目管理的目标包括设计的成本目标、设计的进度目标和设计的质量目标,以及项目的投资目标。项目的投资目标能否实现与设计工作密切相关。

设计方的项目管理工作主要在设计阶段进行,但它也涉及设计前的准备工作、施工阶段、动用前的准备阶段和保修期。

设计方项目管理的任务包括:

(1)与设计工作有关的安全管理。

(2)设计成本控制和与设计工作有关的工程造价控制。

(3)设计进度控制。

(4)设计质量控制。

(5)设计合同控制。

(6)设计信息管理。

(7)与设计工作有关的组织和协调。

1.1.3.4 供货方项目管理的目标和任务

供货方作为项目建设的一个参与方,其项目管理主要服务于项目的整体利益和供货方本身的利益。其项目管理的目标包括供货方的成本目标、供货方的进度目标和供货方的质量目标。

供货方的项目管理工作主要在施工阶段进行,但它也涉及设计准备阶段、设计阶段、动用前的准备阶段和保修期。

供货方项目管理的主要任务包括:

(1)供货的安全管理。

(2)供货方的成本控制。

(3)供货的进度控制。

(4)供货的质量控制。

(5)供货合同管理。

(6)供货信息管理。

(7)与供货有关的组织与协调。

1.1.3.5 项目工程总承包方项目管理的目标和任务

项目工程总承包方作为项目建设的一个参与方,其项目管理主要服务于项目的利益和项目总承包方本身的利益。其项目管理的目标包括总投资目标和总承包方的成本目标、项目的进度目标和项目的质量目标。

项目工程总承包方项目管理工作涉及项目实施阶段的全过程,即设计前的准备阶段、设计阶段、施工阶段、动用前的准备阶段和保修期。

项目工程总承包方项目管理的主要任务包括:

(1)安全管理。

(2)投资控制和总承包方的成本控制。

(3)进度控制。

(4)质量控制。

(5)合同管理。

(6)信息管理。

(7)与建设项目总承包方有关的组织和协调。

1.2 市政工程的建设及施工程序

1.2.1 市政工程的建设程序

建设程序是指项目从设想、选择、评估、决策、设计、施工到竣工验收、投入生产整个建设过程中,各项工作必须遵循的先后次序的法则。

目前,我国基本建设程序的内容和步骤主要有:前期工作阶段,主要包括项目建议书、可行性研究、设计工作;建设实施阶段,主要包括施工准备、建设实施;竣工验收阶段和后评价阶段。

1.2.2 市政工程的施工程序

施工程序,是指项目承包人从承接工程业务到工程竣工验收一系列工作必须遵循的先后顺序,是市政项目建设程序中的一个阶段。

1.2.2.1 投标与签订合同阶段

建设单位对建设项目进行设计和建设准备,在具备了招标条件以后,便发出招标公告或邀请函。施工单位见到招标公告或邀请函后,做出投标决策至中标签约,实质上进行施工项目的工作。本阶段的最终管理目标是签订工程承包合同。主要进行以下工作:

(1)施工企业从经营战略的高度做出是否投标的决策。

(2)决定投标以后,从多方面(企业自身、相关单位、市场、现场等)收集信息。

(3)编制能使企业盈利,又有竞争力的标书。

(4)如中标,则与招标方谈判,依法签订工程承包合同,使合同符合国家法律、法规和国家计划,符合平等互利原则。

1.2.2.2 施工准备阶段

施工合同签订后,应组建项目经理部。以项目经理为主,与企业管理层、建设(监理)单位配合,进行施工准备,使工程具备开工和连续施工的基本条件。主要进行以下工作:

(1)组建项目经理部,根据需要建立机构,配备管理人员。

(2)编制项目管理实施规划,指导施工项目管理活动。

(3)进行施工现场准备,使现场具备施工条件。

(4)提出开工报告,等待批准开工。

1.2.2.3 施工阶段

施工过程是施工程序中的主要阶段,应从施工的全局出发,按照施工组织设计,精心组织施工,加强各单位、各部门的配合与协作,协调解决各方面的问题,使施工顺利开展。主要进行的工作如下:

(1)在施工中努力做好动态控制工作,保证目标任务的实现。

(2)管理好施工现场,实行文明施工。

(3)严格履行施工合同,协调好内外关系,管理好合同变更及索赔。

(4)做好记录、协调、检查、分析工作。

1.2.2.4 验收、交工与决算阶段

这一阶段称为"结束阶段",与建设项目的竣工验收阶段同步进行。其目标对内是对成果进行总结、评价,对外是结清债权债务,结束交易关系。本阶段主要进行以下工作:

(1)工程结尾。

(2)进行试运转。

(3)接受正式验收。

(4)整理、移交竣工文件,进行工程款结算,总结工作,编制竣工总结报告。

(5)办理工程交付手续。

1.3 工程项目的风险管理

风险管理是指在管理过程中通过风险识别、风险量化和风险控制,恰当地采用多种管理方法、技术措施和工具,对施工中所涉及的风险实施有效的控制和管理,采取主动行动,尽量最大化风险事件的有利后果,最小化风险事件所带来的不利后果,以最少成本保证工程施工的安全,可靠地实现项目的总体目标。风险管理的主要内容包括风险识别、风险评价、风险响应和风险控制。

1.3.1 风险识别

风险识别的任务是识别项目管理过程中存在哪些风险和危险源,主要包括物的障碍、人的失误和环境因素:

(1)物的障碍是指机械设备、装置、元件等由于性能低下而不能实现预定功能的现象。

(2)人的失误是指人的行为结果偏离了被要求的标准,而没有完成规定功能的现象。

(3)环境因素指施工作业环境中的温度、湿度、噪声、振动、照明或通风等方面的问题,会促使人的失误或物的障碍发生。

高处坠落、物体打击、触电、机械伤害、坍塌是工程施工项目安全生产事故的主要风险源。

1.3.2 风险评价

风险评价的关键是围绕可能性和后果两方面来确定风险的。估计其潜在伤害的严重

程度和发生的可能性,然后对风险进行分级。评价方法主要有定性分析法和定量分析法(LEC)。当条件变化时,应对风险重新进行评审。

(1)定性分析法:主要根据估算的伤害的可能性和严重程度进行风险分级的方法。

(2)定量分析法:定量计算每一种危险源所带来的风险。

1.3.3 风险响应

风险响应是针对项目风险而采取的相应对策。

常用的风险对策包括风险规避、减轻、自留、转移及其组合等策略。对于难以控制的风险,向保险公司投保是风险转移的一种措施。

(1)权衡利弊后,回避风险大的项目,选择风险小的或适中的项目。

(2)采取先进的技术措施和完善的组织措施,以减小风险产生的可能性和可能产生的影响。

(3)购买保险或要求对方担保,以转移风险。

(4)提出合理的风险保证金,这是从财务的角度为风险做准备,在报价中增加一笔不可预见的风险费,以抵消或减少风险发生时的损失。

(5)采用合作方式共同承担风险。

(6)可采用其他的方式以降低风险。如采用多领域、多地域、多项目的投资,以分散风险。

1.3.4 风险控制

风险控制贯穿于项目管理的全过程,是项目管理中不可缺的重要环节,也影响项目实施的最终结果。

(1)加强风险的预控和预警工作。在工程的实施过程中,要不断地收集和分析各种信息和动态,捕捉风险的前奏信号,以便更好地准备和采取有效的风险对策,以抵御可能发生的风险。

(2)在风险发生时,及时采取措施以控制风险的影响,这是降低损失、防范风险的有效办法。

(3)在风险状态下,依然必须保证工程的顺利实施,如迅速恢复生产,按原计划保证完成预定的目标,防止工程中断和成本超支,唯有如此才能有机会对已发生和还可能发生的风险进行良好的控制,并争取获得风险的赔偿,如向保险单位、风险责任方提出索赔,以尽可能地减少风险的损失。

1.4 工程项目管理的组织机构

1.4.1 项目组织机构设置的原则

项目的组织机构依据项目的组织制度支撑项目建设工作的正常运转,是项目管理的骨架。没有组织机构,项目的一切活动都将无法进行。在组织结构中,有两种最基本的关系:纵的关系,即隶属或领导关系;横的关系,即平行各部门之间的协作关系。组织结构直接决定了组织中正式的指挥系统和沟通网络,它不但影响信息交流及其利用效率,而且影响组织心理及其行为结果。因此,建立合理的组织结构,对有效地实现目标至关重要。

项目组织机构在设置时应遵循以下原则:

(1)高效精干的原则。

项目管理组织机构在保证履行必要职能的前提下,要尽量简化机构,减少层次,从严控制二、三线人员,做到人员精干、一专多能、一人多职。

(2)分工协作原则。

分工与协作是社会化大生产的客观要求。组织设计中坚持分工协作原则,就是要做到分工要合理,协作要明确。

(3)命令统一原则。

命令统一原则的实质,就是在管理工作中实行统一领导,建立起严格的责任制,消除多头领导和无人负责的现象,保证全部活动的有效领导和正常进行。

(4)管理幅度与管理层次原则。

管理幅度也称为管理跨度,是指一个领导者直接而有效地领导与指挥下属的人数。管理层次是指一个组织总的结构层次。通常管理跨度窄造成组织层次多,管理跨度宽造成组织层次少。一个领导者的管理幅度究竟以多大为宜,至今还是一个没有完全解决的问题。

(5)适用性和灵活性原则。

适用性是指项目组织结构要适合于项目的范围、项目组织的大小、环境条件和业主的项目战略等。其组织形式是灵活多样的,不同的项目有不同的组织形式,甚至一个项目的不同阶段就有不同的授权和不同的组织形式,并应考虑到与原组织的适应性。

(6)责、权、利相对应原则。

有了分工,就意味着明确了职务,承担了责任,就要有与职务和责任相等的权力,并享有相应的利益。这就是职务与责、权、利相对应的原则。

1.4.2　项目管理机构的组织形式

组织形式是表现组织各个部分排列顺序、空间位置、聚集状态、联系方式,以及各个要素之间相互关系的一种模式,对任何一个项目来说,要对其进行项目管理必然要涉及该项目的组织结构问题。由于各工程建设项目的特点不同,项目的组织形式也不尽相同。

项目管理的组织形式包括直线式组织形式、职能式组织形式、矩阵式组织形式、直线职能式组织形式、事业部式组织形式。

1.4.2.1　直线式组织形式

1. 特征

机构中各职位都按直线排列,项目经理直接进行单线垂直领导。

2. 适用范围

适用于中小型项目。

3. 优点

人员相对稳定,接受任务快,信息传递迅捷,人事关系容易协调。

4. 缺点

专业分工差,横向联系困难。

直线式组织形式见图 1-1。

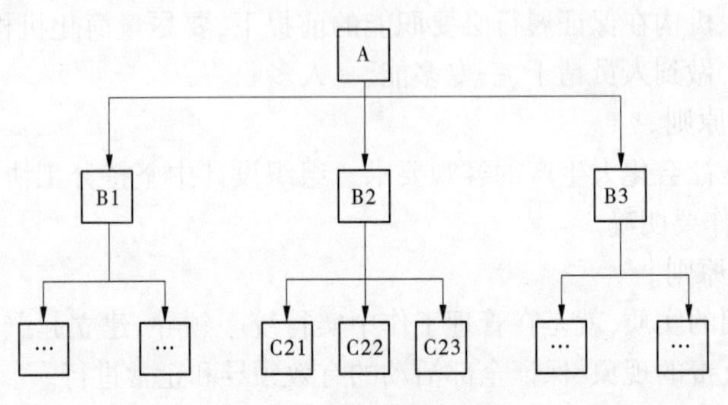

图 1-1 直线式组织形式

1.4.2.2 职能式组织形式

它是按职能来组织部门分工,是在不打乱企业现行建制的条件下,把项目委托给企业内某一专业部门或施工队,由单一部门的领导负责组织项目实施的项目组织形式。职能式组织形式见图 1-2。

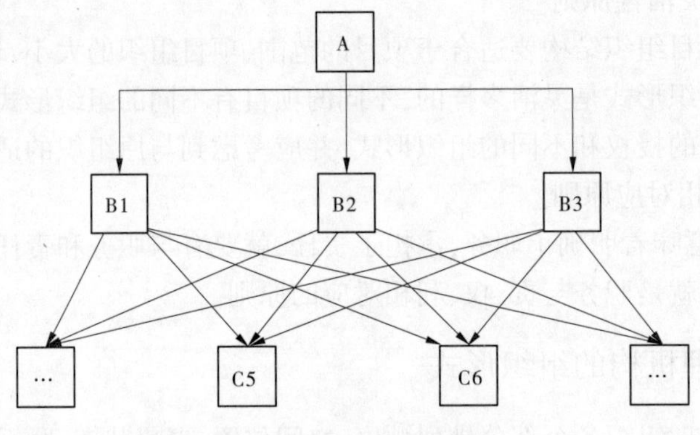

图 1-2 职能式组织形式

1. 特征

按职能原则建立的项目机构,不打乱企业现行建制。

2. 适用范围

适用于小型的、专业性强、不需要涉及众多部门的施工项目。

3. 优点

机构启动快;职能明确,职能专一,关系简单,便于协调;项目经理无须专门训练便能进入状态。

4. 缺点

人员固定,不利于精简机构,不能适应大型复杂项目或者涉及各个部门的项目,因而局限性较大。

1.4.2.3　矩阵式组织形式

矩阵组织结构又称规划-目标结构，是把按职能划分的部门和按产品（或项目、服务等）划分的部门结合起来组成一个矩阵，是同一名员工既同原职能部门保持组织与业务上的联系，又参加产品或项目小组的工作的一种结构。项目管理组织呈矩阵状，如图1-3所示。

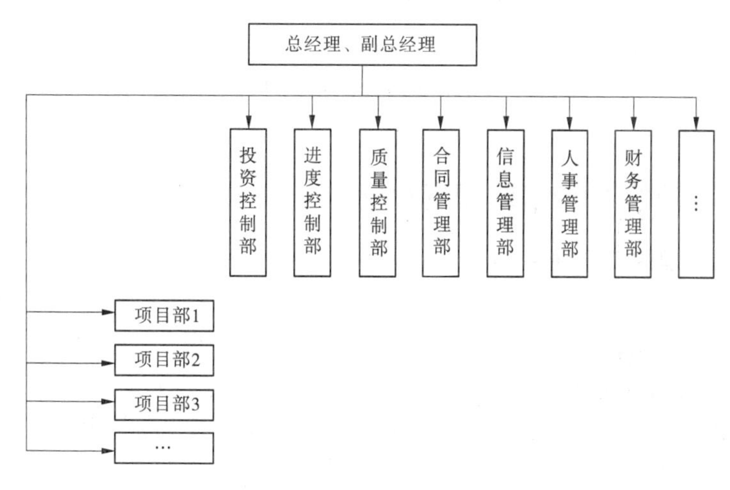

图1-3　矩阵式组织形式

1. 特征

（1）将项目机构与职能部门按矩阵式组成，矩阵式的每个结合部接受双重领导，部门控制力大于项目控制力。

（2）项目经理工作由各职能部门支持，有利于信息沟通、人事调配、协调作战。

2. 适用范围

（1）适用于同时承担多个项目管理的企业。

（2）适用于大型、复杂的施工项目。

3. 优点

（1）解决了企业组织和项目组织的矛盾。

（2）能以尽可能少的人力实现多个项目管理的高效率。

4. 缺点

（1）双重领导造成的矛盾；身兼多职造成管理上顾此失彼。

（2）矩阵式组织对企业管理水平、项目管理水平、领导的素质、组织机构的办事效率、信息沟通渠道的畅通，均有较高的要求，因此要精干组织、分层授权、疏通渠道、理顺关系。由于矩阵式组织较为复杂，结合部多，容易造成信息沟通量膨胀和沟通渠道复杂化，致使信息梗阻和失真。这就要求协调组织内容的关系时必须有强有力的组织措施和协调办法，以排除难题。为此，层次、职责、权限要明确划分，有意见分歧难以统一时，企业领导要出面及时协调。

1.5 工程项目经理部

1.5.1 项目经理部

项目经理部是由项目经理在企业的支持下组建并领导项目管理的组织机构。它是施工项目现场管理的一次性并具有弹性的施工生产组织机构,负责施工项目从开工到竣工的全过程施工生产经营的管理工作。既是企业某一施工项目的管理层,又对劳务作业层负有管理与服务的职能。项目经理部由项目经理、项目副经理以及其他技术和管理人员组成。

1.5.2 项目经理的工作性质、职责和权力

1.5.2.1 项目经理的工作性质

(1)大、中型工程项目施工的项目经理必须由取得建造师注册证书的人员担任;但取得建造师注册证书的人员是否担任工程项目施工的项目经理,由企业自主决定。

(2)(国内)建筑施工企业项目经理,是指受企业法定代表人委托,对工程项目施工过程全面负责的项目管理者,是建筑施工企业法定代表人在工程项目上的代表人。项目经理岗位是保证工程项目建设质量、安全、工期的重要岗位。

1.5.2.2 项目经理的职责

(1)贯彻执行国家和工程所在地政府的有关法律、法规和政策,执行企业的各项管理制度。

(2)严格财务制度,加强财经管理,正确处理国家、企业与个人的利益关系。

(3)执行项目承包合同中由项目经理负责履行的各项条款。

(4)对工程项目施工进行有效控制,执行有关技术规范和标准,积极推广应用新技术,确保工程质量和工期,实现安全、文明生产,努力提高经济效益。

1.5.2.3 项目经理的权力

项目经理在承担工程项目施工管理过程中,应当按照工程承包合同,在法定代表人授权的范围内行使管理权力:

(1)组织所承担的工程项目施工管理的项目管理班子。

(2)参与施工项目投标,以企业法定代表人的代表身份处理与所承担的工程项目有关的外部关系,并可接受企业法定代表人的委托签署有关合同。

(3)指挥工程项目建设的生产经营活动,调配和管理所承担的工程项目的人力、资金、物资和机械设备等。

(4)选择所承担的工程项目的施工作业队伍。

(5)对所承担的工程项目的施工进行合理的经济分配。

(6)企业法定代表人授予的其他管理权力。

本章小结

通过本章学习,掌握市政工程项目管理的概念、市政工程项目管理的类型及参与项目建设各主体单位的目标和任务;熟悉市政工程的施工程序;熟悉风险管理的相关知识;掌握工程项目组织的主要形式及其特点;了解项目经理部及项目管理制度的有关内容。

思考题

1. 简述项目的概念及特点。

2. 简述市政工程项目管理的概念及特点。

3. 市政工程的施工程序包含哪些?

4. 结合一个具体的市政工程建设项目,分析其处在项目实施的哪个阶段及其目标和任务。

5. 各项目组织形式的特点及其适用情况是什么?

6. 项目组织机构在设置时应遵循哪些原则?

7. 项目经理的职责和权力包括哪些?

第2章 市政工程招标投标与合同管理

案例引入：

某道路立交市政工程项目，地质条件良好，施工图纸齐备，现场已完成“三通一平”工作，满足开工条件。业主已落实自筹的建设资金。该工程宜采用哪种招标方式和合同形式？

2.1 市政工程招标与投标

2.1.1 市政工程招标投标制度

招标投标是市场经济中的一种竞争方式，通常适用于大宗交易。其特点是，由唯一的买主（或卖主）设定标的，招邀若干个买主（或卖主），通过秘密报价进行竞争，从诸多报价中选择满意的，与之达成交易协议，随后按协议实现标的。

市政工程实行招标投标制度，将工程项目建设任务的委托纳入市场机制，通过公平合理的审查择优选定项目的决策咨询、勘察设计、工程施工、建设监理、工程材料和设备的供应单位等，达到保证工程质量、缩短建设周期、控制工程造价、提高投资收益的目的，由发包人与承包人之间通过招标投标签订承包合同的经营制度。它包括两个基本过程：以招标方为主的招标和以投标方为主的投标。

2.1.1.1 市政工程招标

市政工程招标，是指具备招标资格的招标人（或发包人）通过招标公告或发出邀请函等方式，事前公布工程、货物或服务等发包业务的相关条件和要求，召集自愿参加的竞争者投标，并根据事前规定的评选办法，经过评标、定标，最终与中标单位签订承包合同的过程。

2.1.1.2 市政工程投标

市政工程投标，是指投标人（或承包人）依据有关规定和招标人拟定的招标文件要求，在规定的期限内向招标人提交投标书参与竞标，并争取中标，以获得市政工程承包权的经济法律活动。

2.1.1.3 市政工程招标投标的意义

国内外招标投标实践证明，市政工程实行招标投标，对于提高工程建设质量，规范建设市场行为，有效地充分利用社会有限资源，提高建筑承包商的综合素质和竞争力，缩短工程工期，提高经济效益，促进改革开放和社会经济发展，都起到了积极的作用。建筑工程招标投标的意义主要包括：

（1）有利于发包人目标的实现。

在项目进行的整个过程中，发包人是建设过程的指导者，承包人是工程任务的执行者。发包人在招标中明确规定了项目的质量标准、工期要求等；同时，与市政工程相协调的各种担保制度和合同约定，保证了投标人在中标之后的履约行为的可靠性，保证了发包人的利益和建设目标的顺利实现。

(2)有利于降低工程成本。

投标竞争使市政工程项目的招标人能够最大限度地拓宽询价范围，因此可以优先选定相对合理的报价。这种选择可以使工程建设成本控制在合理的范围内，同时可以使业主对工程的可控性大大增加。

(3)体现了公平竞争的原则。

招标投标是公开、公平、公正进行的。这种公平不仅体现在招标人与投标人的地位上，更体现在投标人之间的地位上，其投标身份及中标与否是不能以“内定”的方式来确定的，投标人只能以其专业技术、经济实力、管理水平等综合素质确定其中标可能，体现了市场公正及公平竞争的原则。

(4)有利于优化社会资源的配置。

市政工程招标投标的本质是竞争，投标竞争一般是围绕市政工程的价格、质量、工期等关键因素进行的。《中华人民共和国招标投标法》(简称《招标投标法》)中明确规定“投标人不得以低于成本的报价竞标”，因此投标人的竞争主要表现为技术的进步和管理水平的提高。促使投标人加速采用新技术、新结构、新工艺等，注重改善经营管理，不断提高技术装备水平和劳动生产率，使企业完成项目特定目标所需的个别劳动耗费低于社会必要劳动耗费，降低投标报价，以便企业在激烈的投标竞争中获胜，有效地促进企业创造出更多的优质、高效、低耗的产品，促进建筑业及相关产业的发展，这对整个社会经济而言，必将有利于全社会劳动总量的节约及合理安排，使社会的各种资源通过市场竞争得到优化配置。

(5)有利于加强国际经济技术合作，促进经济发展。

招标投标作为世界经济技术合作和国际贸易普遍采用的重要方式，广泛地应用于市政工程项目的可行性研究、勘察设计、物资设备采购、建筑施工、设备安装等各个方面。

通过投标进行国际工程承包，输出工程技术、设备和劳务，减轻国内劳动力就业的压力。

对国内工程实行国际招标，不仅能降低成本、缩短工期、提高质量，而且能学习国外先进的技术及科学的管理方法；同时，有利于引进外资。这对于促进国内相关产业的发展乃至整个国民经济的发展都大有益处。

2.1.2　市政工程招标投标涉及的知识体系

市政工程招标投标的过程涉及法律法规、专业技术、综合管理、金融经济等众多学科知识。

2.1.2.1　法律知识

为保证招标投标工作公开、公平、公正地进行，我国颁发了《招标投标法》，并以此衍生出了《工程建设项目施工招标投标办法》《房屋建筑和市政基础设施工程施工招标投标管理办法》《工程建设项目招标范围和规模标准规定》《招标公告发布暂行办法》等多部法律法规。招标投标活动必须在这些法律法规的框架下进行。因此,不管是招标方还是投标方,都应该掌握相关的法律法规,依法进行招标投标活动。

2.1.2.2 工程技术知识

市政工程招标投标活动围绕拟建建设项目进行,任何一个建设项目的实施都与工程技术密切相关,因此在招标投标过程中也会涉及工程技术方面的知识。例如,施工中所用的施工方法、工艺流程、标准规范等都要在合同中予以约定。可见,掌握工程技术知识,不管对招标人还是对投标人都是非常必要的。

2.1.2.3 管理知识

市政工程招标投标过程就是一个项目管理过程。不论是招标人的招标、评标,还是投标人的投标,都需要各方管理者具备科学的管理知识,通过有效的管理和精心组织来保证招标投标过程的顺利实施。

2.1.2.4 经济知识

在招标投标的过程中涉及经济知识,最典型的表现在投标报价上。要求招标人和投标人掌握经济知识,尤其是工程估价的知识,避免由于经济知识的不足给自身带来损失。

2.1.3 市政工程招标投标的种类与方式

2.1.3.1 市政工程招标投标的种类

市政工程的招标投标种类繁多,按照不同的标准可进行不同的分类。市政工程招标投标的分类见表 2-1。

表 2-1 市政工程招标投标的分类

分类依据	市政工程招标投标类型
	建设项目可行性研究招标投标
	工程勘察设计招标投标
按工程建设程序分类	市政工程监理招标投标
	市政工程施工招标投标
	材料、设备采购招标投标
	勘察设计招标投标
	设备安装招标投标
	土建施工招标投标
按行业分类	建设装饰招标投标
	货物采购招标投标
	工程咨询和建设监理招标投标
	建设项目招标投标
按建设项目组成分类	单项工程招标投标
	分部工程招标投标

续表 2-1

分类依据	市政工程招标投标类型
按工程发包范围分类	工程总承包招标投标
	工程分包招标投标
按有无涉外关系分类	国内工程承包招标投标
	境外国际工程承包招标投标
	国际工程承包招标投标

2.1.3.2　市政工程招标方式

《中华人民共和国招标投标法》确定两种招标方式，即公开招标和邀请招标，对于依法强制招标项目，议标招标方式已不再被法律认同。

1. 公开招标

公开招标，也称无限竞争性招标，是招标人在报刊、信息网络或其他媒体上刊登招标公告，提出招标项目和要求，符合条件的一切法人或者组织都可以参加，并享有同等竞争的机会，招标人从中择优选定中标人的招标方式。

公开招标的优点是投标的承包商多，竞争大，招标人有较大的选择余地，可在众多的投标人中选择报价合理、工期较短、技术可靠、资信良好的中标人。但是公开招标的资格审查和评标的工作量比较大、耗时长、费用高，并且有可能因资格预审把关不严导致鱼目混珠的现象发生。

如果采用公开招标方式，招标人就不得以不合理的条件限制或排斥潜在的投标人。例如，不得限制本地区以外或本系统以外的法人或组织参加投标等。

2. 邀请招标

邀请招标，也称有限竞争性招标或选择性招标，即由招标人以投标邀请书的方式邀请三个以上（含三个）特定的、具备承担投标能力的、资信良好的法人或其他组织参加投标的方式。邀请招标的优点在于：经过选择的投标单位在施工经验、技术力量、经济和信誉上都比较可靠，因而一般都能保证进度和质量。此外，参加投标的潜在投标人数量少，因而招标时间相对缩短，招标费用也较少。其缺点是由于参加投标的单位较少，竞争性较差，可能会失去在报价上和技术上有竞争力的投标者。

为了保护公共利益，避免邀请招标方式被滥用，各个国家和世界银行等金融组织都有相关规定：按规定应该招标的市政工程项目，一般应采用公开招标，如果要采用邀请招标，需经过批准。

根据《工程建设项目施工招标投标办法》第十一条的规定，国务院发展计划部门确定的国家重点建设项目和各省、自治区、直辖市人民政府确定的地方重点建设项目，以及全部使用国有资金投资或国有资金占控股或者主导地位的工程建设项目，应当公开招标；有下列情形之一的，经批准可以进行邀请招标：

（1）技术复杂、有特殊要求，只有少量潜在投标人可供选择。

（2）受自然地域环境限制的。

（3）涉及国家安全、国家秘密或者抢险救灾，适宜招标但不宜公开招标的。

（4）采用公开招标方式的费用占项目合同金额的比例过大。

(5)法律法规规定不宜公开招标的。

2.1.4　市政工程招标投标程序

招标投标程序流程见图 2-1。

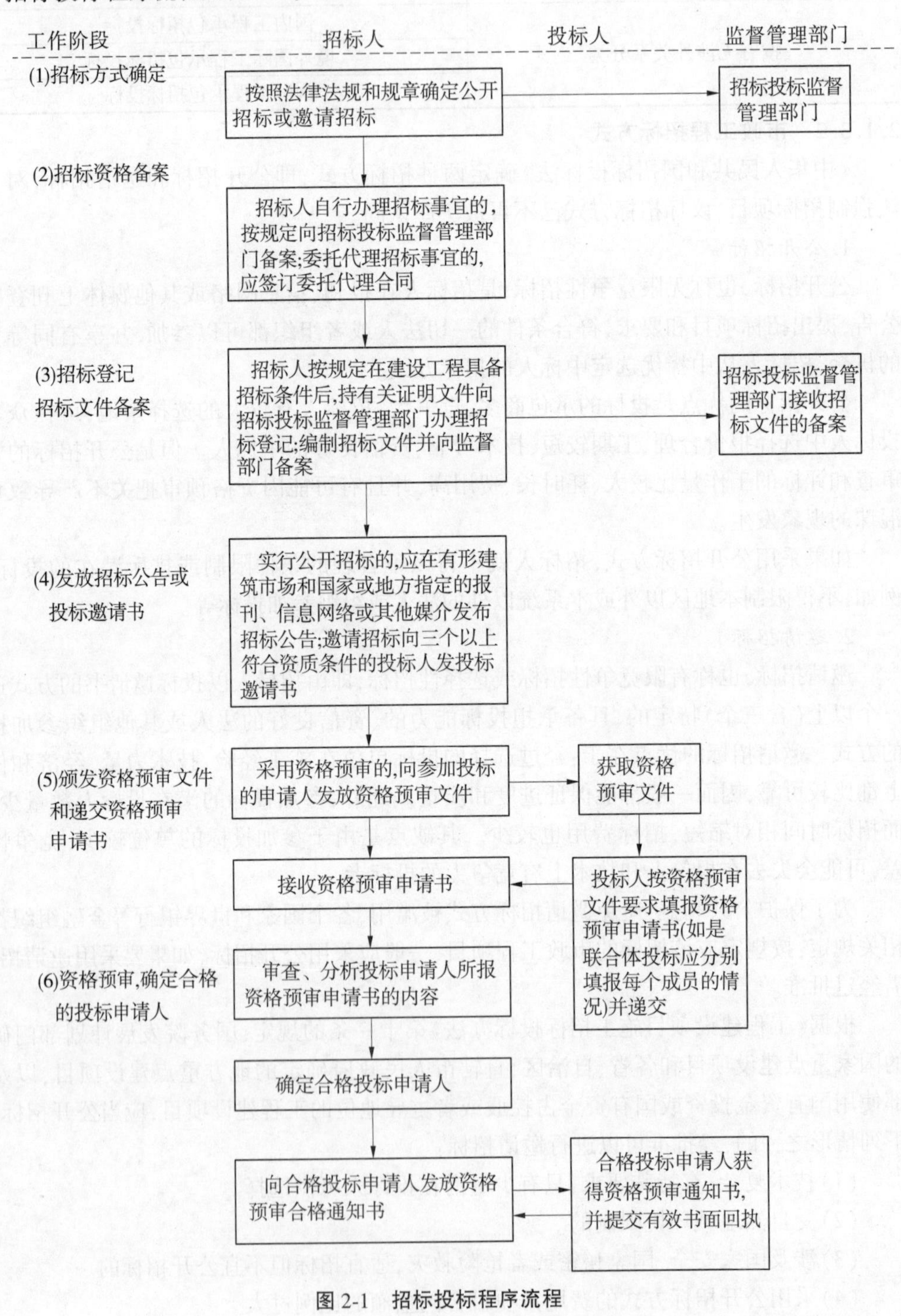

图 2-1　招标投标程序流程

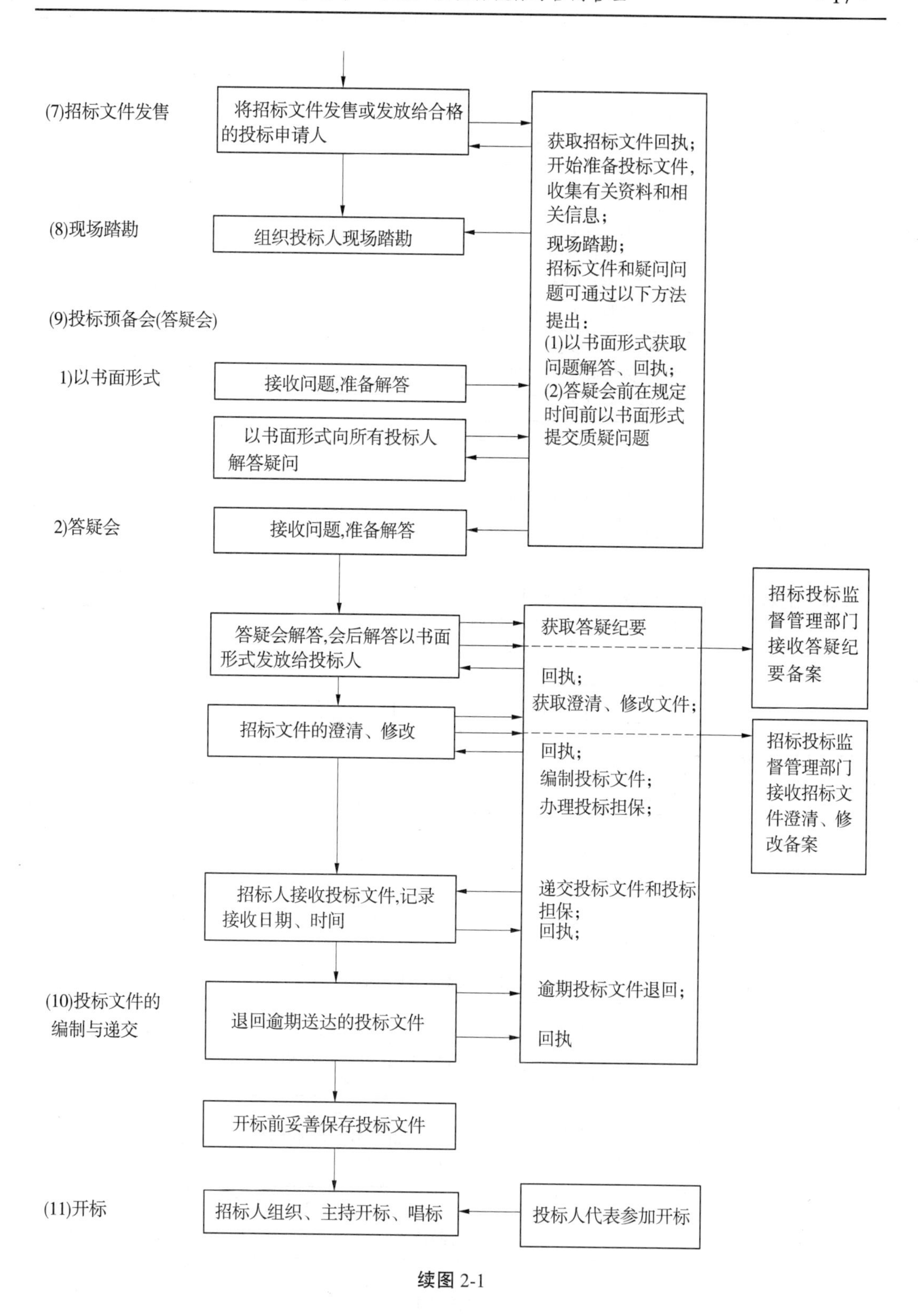
(7)招标文件发售
将招标文件发售或发放给合格的投标申请人
获取招标文件回执；开始准备投标文件，收集有关资料和相关信息；现场踏勘；招标文件和疑问问题可通过以下方法提出：(1)以书面形式获取问题解答、回执；(2)答疑会前在规定时间前以书面形式提交质疑问题
(8)现场踏勘
组织投标人现场踏勘
(9)投标预备会(答疑会)
1)以书面形式
接收问题,准备解答
以书面形式向所有投标人解答疑问
2)答疑会
接收问题,准备解答
答疑会解答,会后解答以书面形式发放给投标人
获取答疑纪要
招标投标监督管理部门接收答疑纪要备案
回执；
获取澄清、修改文件；
招标文件的澄清、修改
招标投标监督管理部门接收招标文件澄清、修改备案
回执；
编制投标文件；
办理投标担保；
招标人接收投标文件,记录接收日期、时间
递交投标文件和投标担保；
回执；
(10)投标文件的编制与递交
退回逾期送达的投标文件
逾期投标文件退回；
回执
开标前妥善保存投标文件
(11)开标
招标人组织、主持开标、唱标
投标人代表参加开标

续图 2-1

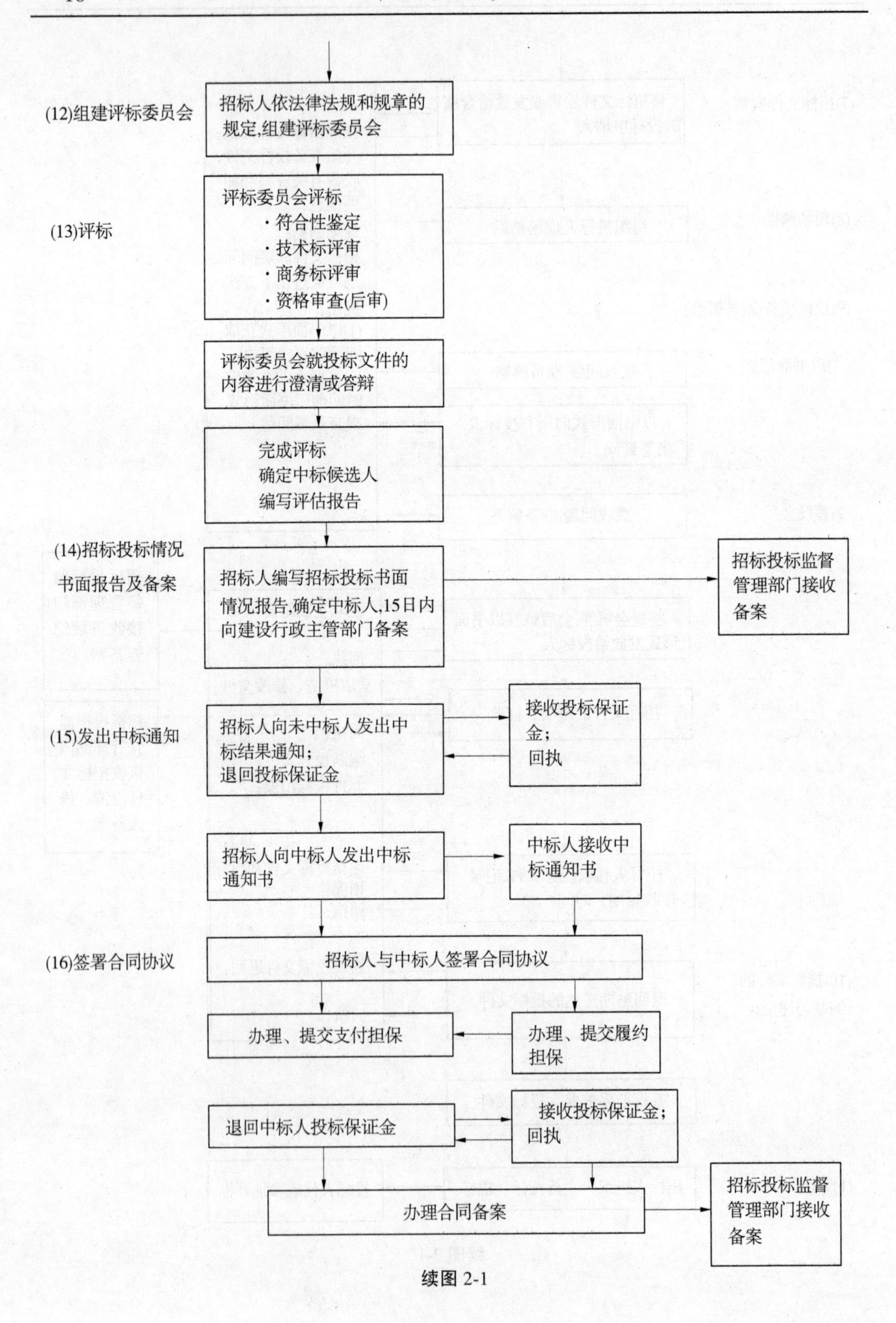

(12)组建评标委员会
招标人依法律法规和规章的规定,组建评标委员会
(13)评标
评标委员会评标
· 符合性鉴定
· 技术标评审
· 商务标评审
· 资格审查(后审)
评标委员会就投标文件的内容进行澄清或答辩
完成评标
确定中标候选人
编写评估报告
(14)招标投标情况书面报告及备案
招标人编写招标投标书面情况报告,确定中标人,15日内向建设行政主管部门备案
招标投标监督管理部门接收备案
(15)发出中标通知
招标人向未中标人发出中标结果通知;
退回投标保证金
接收投标保证金;
回执
招标人向中标人发出中标通知书
中标人接收中标通知书
(16)签署合同协议
招标人与中标人签署合同协议
办理、提交支付担保
办理、提交履约担保
退回中标人投标保证金
接收投标保证金;
回执
办理合同备案
招标投标监督管理部门接收备案

续图 2-1

2.2　市政工程合同概述

2.2.1　市政工程合同的概念与种类

2.2.1.1　合同的概念

合同又称契约,是指具有平等民事主体资格的当事人(包括自然人和法人),为了达到一定目的,经过自愿、平等协商,一致设立、变更或终止民事权利义务关系而达成的协议。从合同的定义来看,合同具有下列法律上的特征:

(1)合同是一种法律行为。

(2)双方当事人在合同中具有平等的地位,是平等主体之间的协议。

(3)合同是以设立、变更、终止民事权利义务为内容和目的的民事行为。

(4)合同是两个以上的人意思表示一致的协议。

综上所述,合同是双方当事人依照法律的规定而达成的协议。合同一旦成立,即具有法律约束力。

2.2.1.2　市政工程项目合同的概念

市政工程项目合同是为完成市政工程项目,明确承包人进行工程建设相关任务、发包人配合工程建设任务及支付价款等权利义务的协议或合同。

市政工程合同包括工程勘察、设计、监理、施工等合同。

市政工程合同的双方当事人分别称为发包人和承包人。在合同中,承包人最主要的义务是按照约定的标准进行工程建设工作,以及进行工程的勘察、设计、监督管理、施工等工作;发包人最主要的义务是向承包人提出服务标准,并在对方完成服务后支付相应的价款。

2.2.1.3　市政工程项目合同的种类

根据不同的分类标准,市政工程合同有不同的表现形式(见表 2-2)。

表 2-2　市政工程合同的分类

分类依据	分类
按工程建设阶段分类	工程勘察合同
	工程设计合同
	工程施工合同
按承发包方式分类	勘察设计或施工总承包合同
	单位工程承包合同
	工程项目总承包合同
	工程项目总承包管理合同
	BOT 合同(特许权协议)

续表 2-2

分类依据	分类
按承包工程计价方式分类	总价合同
	单价合同
	成本加酬金合同

2.2.1.4 市政工程合同管理

市政工程合同管理,是指对市政工程项目建设相关的各类合同,从合同条件的拟定、协商、订立、履行及合同纠纷处理情况的检查和分析等环节的科学管理工作,以期通过合同管理实现市政工程项目的目标,维护合同双方当事人的合法权益。市政工程合同管理是随着市政工程项目管理的实施而实施的,是一个全过程的动态管理。

2.2.2 市政工程合同管理的过程

市政工程合同管理的目标是通过合同的策划与评审、签订及合同实施控制等工作,全面完成合同责任,保证市政工程项目目标和企业目标的实现。合同管理过程主要如下。

2.2.2.1 合同策划与合同评审

在项目招标投标阶段的初期,业主的主要工作是合同策划,承包商的主要工作是合同评审。

1. 合同策划

合同策划的目的是通过合同运作,保证目标的实现,主要内容有:合同体系策划、合同种类的选择、招标方式的选择、合同条件的选择、合同风险策划、重要的合同条款的确定等。

2. 合同评审

合同评审的目的是确定合同是否符合国家法律法规的规定,双方对合同规定的内容理解是否一致,确认自己在技术、质量、价格等方面的履约能力是否满足顾客的要求,并对合同的合法性及完备性等相关内容进行确认。

2.2.2.2 合同的谈判与签约

市政工程合同的订立往往要经历一个较长的过程。在承发包双方就市政工程合同的具体内容和有关条款经过谈判并最终敲定后即可签订合同。

合同一旦签订,就意味着双方权利和义务关系在法律上得到认定。在合同签订时可根据需要对合同条款进行二次审查,尤其对于专用条款中的内容要特别引起注意。

2.2.2.3 合同实施计划

合同签订后,承包商就必须对合同履行做出具体安排,制订合同实施计划。其突出内容有:合同实施的总体策略、合同实施总体安排、工程分包策划、合同实施保证体系。

2.2.2.4 合同实施控制

在项目实施过程中通过合同控制确保承包商的工作满足合同要求,包括对各种合同的执行进行监督、跟踪、诊断、控制、工程的变更管理和索赔管理等。

2.2.2.5　合同后评价

项目结束后对采购和合同管理工作进行总结和评价，以提高后期新项目的采购和合同管理水平。

2.3　合同的谈判与签约

合同的订立是缔约当事人之间相互接触、协商的过程，是合同成立的基础和前提。合同的成立应具备要约和承诺阶段，要约和承诺是合同成立的基本规则。与其他合同的订立程序相同，市政工程合同订立的程序也包含了要约和承诺两个方面。

2.3.1　市政工程合同订立的程序

招标人通过媒体发布招标公告，或向符合条件的投标人发出招标邀请，为要约邀请；投标人根据招标文件内容在约定的期限内向招标人提交投标文件，为要约；招标人通过评标确定中标人，发出中标通知书，为承诺。招标人和中标人按照中标通知书、招标文件和中标人的投标文件等订立书面合同时，合同成立并生效。

2.3.2　市政工程合同谈判

由于市政工程规模大、金额高、履行时间长、涉及面广，合同条款如果不够完备严密，会给今后合同履行及结算工作带来很大困难。显然，合同谈判对承发包双方都很重要，因此为维护各方的合法权益，发包人通常在发出中标通知后会与承包人进行正式的合同谈判，最终敲定合同条款后再签订合同。以市政工程施工承包合同谈判为例，其合同谈判主要内容一般包括：

(1)关于工程内容和范围的确认。

经双方确认的工程内容和范围方面的修改或调整，应以文字方式确定下来，并以“合同补遗”或“会议纪要”方式作为合同附件，并明确它是构成合同的一部分。

(2)关于技术要求、技术规范和施工技术方案。

双方还可对技术要求、技术规范和施工技术方案等进行进一步讨论和确认，必要的情况下甚至可以变更技术要求和施工方案。

(3)关于合同价格条款。

一般在招标文件中就会明确规定合同将采用什么计价方式，在合同谈判阶段往往没有讨论的余地。但在可能的情况下，中标人在谈判过程中仍然可以提出降低风险的改进方案。

(4)关于价格调整条款。

对于工期较长的市政工程，容易遭受货币贬值或通货膨胀等因素的影响，可能给承包人造成较大损失。价格调整条款可以比较公正地解决这一承包人无法控制的风险损失。

(5)关于合同款支付方式的条款。

市政工程施工合同的付款分四个阶段进行，即预付款、工程进度款、最终付款和退还保留金。关于支付时间、支付方式、支付条件和支付审批程序等有很多种可能的选择，并且可能对承包人的成本、进度等产生比较大的影响,因此合同支付方式的有关条款是谈判的重要内容。

(6)关于工期和维修期。

承包人与招标人应谈判协商确定工期,明确开工日期、竣工日期等。

同时,双方应通过谈判明确,由于工程变更、恶劣气候影响,以及“作为一个有经验的承包人无法预料的工程施工条件的变化”等因素对工期产生不利影响时的解决办法,通常在上述情况下应该给承包人要求合理延长工期的权利。

(7)合同条件中其他特殊条款的完善。

合同条件中其他特殊条款主要包括:关于合同图纸;关于违约罚金、工期提前奖金;工程量验收以及衔接工序和隐蔽工程施工的验收程序;关于施工占地;关于向承包人移交施工现场和基础资料;关于工程交付;预付款保函的自动减额条款;等等。

2.3.3 合同签订

承发包双方就市政工程合同的具体内容和有关条款经过一个较长过程的审核、谈判并最终敲定后即可签订合同,至此,双方就该市政工程项目在法律上的权利和义务关系得到认定。

2.4 市政工程合同的计价方式

市政工程施工合同根据合同计价方式的不同,一般情况下分为三大类型,即总价合同、单价合同和成本加酬金合同(见表2-3)。总价合同又包括固定总价合同和可调值总价合同;单价合同包括估算工程量单价合同和纯单价合同;成本加酬金合同包括成本加固定百分比酬金合同、成本加固定金额酬金合同、成本加奖罚合同、最高限额成本加固定最大酬金合同等。

表2-3 市政工程合同的计价方式

市政工程合同计价方式	分类
总价合同	固定总价合同
	可调值总价合同
单价合同	估算工程量单价合同
	纯单价合同
成本加酬金合同	成本加固定百分比酬金合同
	成本加固定金额酬金合同
	成本加奖罚合同
	最高限额成本加固定最大酬金合同

2.4.1　总价合同

所谓总价合同,是指支付承包方的款项在合同中是一个“规定的金额”,即总价。总价合同的主要特征表现为:

(1)工程款额根据确定的由承包方实施的全部任务,按承包方在投标报价中提出的总价确定。

(2)实施的工程性质和工程量应事先明确商定。

总价合同又可分为固定总价合同和可调值总价合同两种形式。

2.4.1.1　固定总价合同

固定总价合同的价格计算是以图纸及规定、规范为基础,承发包双方就施工项目协商一个固定的总价,由承包方一笔包死,不能变化。

采用这种合同,合同总价只有在设计和工程范围有所变更的情况下才能随之做相应的变更,此外,合同总价是不能变动的。因此,作为合同价格计算依据的图纸及规定、规范应对工程做出详尽的描述,一般在施工图设计阶段,施工详图已完成的情况下采用。

采用固定总价合同,承包方要承担实物工程量、工程单价、地质条件、气候和其他一切客观因素造成亏损的风险。在合同执行过程中,承发包双方均不能因为工程量、设备、材料价格、工资等变动和地质条件恶劣、气候恶劣等理由,提出对合同总价调值的要求,因此承包方要在投标时对一切费用的上升因素做出估计并包含在投标报价之中。

因此,这种形式的合同适用于工期较短(一般不超过一年),对最终产品的要求又非常明确的工程项目,这就要求项目的内涵清楚,项目设计图纸完整齐全,项目工作范围及工程量计算依据确切。

2.4.1.2　可调值总价合同

可调值总价合同的总价一般也是以图纸及规定、规范为计算基础的,但它是按“时价”进行计算的,这是一种相对固定的价格。在合同执行过程中,由于通货膨胀而使所用的工料成本增加,因而对合同总价进行相应的调值,即合同总价依然不变,只是增加调值条款。因此,可调值总价合同均明确列出有关调值的特定条款,往往是在合同特别说明书中列明。调值工作必须按照这些特定的调值条款进行。这种合同与固定总价合同不同在于,它对合同实施中出现的风险做了分摊,发包方承担了通货膨胀这一不可预测费用因素的风险,而承包方只承担了实施中实物工程量成本和工期等因素的风险。

可调值总价合同适用于工程内容和技术经济指标规定很明确的项目,由于合同中列明调值条款,所以在工期一年以上的项目较适于采取这种合同形式。

2.4.2　单价合同

在施工图不完整或发包的工程项目内容、技术经济指标一时还不能明确等,往往要采取单价合同形式。可以避免使发包方或承包方任何一方承担过大的风险。

工程单价合同可分为估算工程量单价合同和纯单价合同两种不同形式。

2.4.2.1　估算工程量单价合同

估算工程量单价合同是以工程量清单和工程单价表为基础和依据来计算合同价格

的。通常是由发包方委托招标代理单位或造价工程师提出总工程量估算表,即"暂估工程量清单",列出分部分项工程量,由承包方以此为基础填报单价。最后工程的总价应按照实际完成工程量计算,由合同中分部分项工程单价乘以实际工程量,得出工程结算的总价。采用估算工程量单价合同可以使承包方对其投标的工程范围有一个明确的概念。

估算工程量单价合同一般适用于工程性质比较清楚,但任务及其要求标准不能完全确定的情况。采用这种合同时,工程量是统一计算出来的,承包方只要填上适当的单价就可以了,承担风险比较小。

因此,估算工程量单价合同在实际中运用较多,目前国内推行的工程量清单招标所形成的合同就是估算工程量单价合同。实施这种合同的标的工程施工时要求施工过程中及时计量并建立月份明细账目,以便确定实际工程量。

2.4.2.2 纯单价合同

纯单价合同是发包方只向承包方给出发包工程的有关分部分项工程以及工程范围,不需对工程量做任何规定。承包方在投标时只需要对这种给定范围的分部分项工程做出报价即可,而工程量则按实际完成的数量结算。

这种合同形式主要适用于没有施工图、工程量不明,却急需开工的紧迫工程。

2.4.3 成本加酬金合同

这种合同形式主要适用于工程内容及其技术经济指标尚未全面确定,投标报价的依据尚不充分的情况下,发包方因工期要求紧迫,必须发包的工程;或者发包方与承包方之间具有高度的信任,承包方在某些方面具有独特的技术、特长和经验的工程。

以这种形式签订的建设施工合同,有两个明显缺点:一是发包方对工程总价不能实施实际的控制;二是降低成本提高获利空间对承包方吸引力不够。

综上可见,从政府、中介机构到发包方和承包方,都应重视市政工程施工合同计价形式的选择,弄清各种计价方式的优缺点、使用时机,从而减少因工程合同的不完善而引起的经济纠纷。

2.5 市政工程合同实施与风险管理

2.5.1 合同分析

市政工程项目实施过程中的合同分析,是从合同执行的角度去分析、补充和解释合同的具体内容和要求,将合同目标和规定落实到合同实施的具体工作上,使合同能符合工程管理的需要,按合同要求实施,为合同执行和控制确定依据。

通过合同分析,主要达到以下几方面的作用:

(1)分析合同中的漏洞,解释有争议的内容。

(2)分析合同风险,制定风险对策。

(3)对合同任务分解、落实。

2.5.2　合同交底

合同分析后,应向各层次管理者做“合同交底”,即由合同管理人员在对合同的主要内容进行分析、解释和说明的基础上,通过组织项目管理人员和各个小组学习合同条文和合同分析结果。

合同交底的目的和任务如下:

(1)对合同的主要内容达成一致理解。

(2)将各种合同事件的责任分解落实到各工程小组或分包人。

(3)将工程项目和任务分解,明确其质量和技术要求以及实施的注意要点等。

(4)明确各项工作或各个工程的工期要求。

(5)明确成本目标和消耗标准。

(6)明确相关事件之间的逻辑关系。

(7)明确各个工程小组(分包人)之间的责任界限。

(8)明确完不成任务的影响和法律后果。

(9)明确合同有关各方(如业主、监理工程师)的责任和义务。

2.5.3　合同跟踪

合同签订以后,合同中各项任务的执行要落实到具体责任人。对于市政工程项目施工合同而言,合同中各项任务的执行则是要落实到项目经理部或具体的项目参与人员身上,承包单位作为履行合同义务的主体,必须对合同执行者(项目经理部或项目参与人)的履行情况进行跟踪、监督和控制,并加强工程变更管理,从而减少或简化合同纠纷的处理,确保合同的顺利履行。

2.5.3.1　合同跟踪的含义

在工程实施过程中,由于实际情况千变万化,导致合同实施与预定目标(计划和设计)偏离。如果不采取措施,这种偏差常常由小到大,逐渐积累。合同跟踪可以不断地找出偏离,不断地调整合同实施,使之与总目标一致。这是合同控制的主要手段。

施工合同跟踪有两个方面的含义:一是承包单位的合同管理职能部门对合同执行者(项目经理部或项目参与者)的履行情况进行的跟踪、监督和检查;二是合同执行者(项目经理部或项目参与者)对合同计划的执行情况进行跟踪、检查与对比。在合同实施过程中二者缺一不可。

2.5.3.2　合同跟踪的依据

(1)合同以及合同分析的结果,如计划、方案、合同变更文件等,是合同实施的目标和依据。

(2)实际工程文件,如原始记录、报表、验收报告等。

(3)工程管理人员对现场情况的直观了解,如现场巡视、交谈、会议、质量检查等。

2.5.3.3　合同跟踪的对象

合同跟踪的对象,通常有如下几个层次:

(1)对具体的合同实施工作进行跟踪。对照合同实施工作表的具体内容,分析该工作的实际完成情况。具体如下：

①工作质量是否符合合同要求，如工作的精度、材料质量是否符合合同要求，工作过程中有无其他问题等。

②工程进度，是否在预定期限内施工，工期有无延长，延长的原因是什么等。

③工程范围及数量是否符合要求，是否按合同要求完成全部施工任务，有无合同规定以外的施工任务等。

④成本与计划相比有无增加或减少。

经过上面的跟踪分析可得到偏离的原因和责任，同时发现索赔机会。

(2)对工程小组或分包人的工程和工作进行跟踪。

工程施工任务可以分解交由不同的工程小组或发包给专业分包完成，而一个工程小组或分包商也可能承担许多专业相同、工艺相近的分项工程，因此须对这些工程小组或分包人及其所负责的工程进行跟踪检查。在实际工程中，常常因为某一工程小组或分包商的工作质量不高或进度拖延而影响整个工程施工，合同管理人员应提供帮助和指导，如协调各方关系和工作配合；对工程缺陷提出意见、建议或警告；责成他们在一定时间内提高质量、加快工程进度等。

对专业分包人负责的工程，总承包商负有协调和管理的责任，并承担由此造成的损失，所有专业分包人的工作和负责的工程必须纳入总承包工程的计划和控制中，预防因分包人工程管理失误而影响全局。

(3)对业主和其委托的工程师的工作进行跟踪。如：

①业主是否及时、完整地提供了工程施工的实施条件，如场地、图纸、资料等。

②业主和工程师是否及时给予了指令、答复和确认等。

③业主是否及时并足额地支付了应付的工程款项。

(4)对工程总体的实施状况进行跟踪，把握工程整体实施情况。

2.5.4 合同偏差分析及处理

通过合同跟踪，可能会发现合同实施中存在着偏差，即工程实际情况偏离了工程计划和工程目标，应该及时分析原因，采取措施，纠正偏差，避免损失。

2.5.4.1 合同实施偏差原因分析

通过对合同执行情况与实施计划的对比分析，不仅可以发现合同实施的偏差，而且可以探索引起差异的原因。原因分析可以采用鱼刺图、因果关系分析图(表)、成本量差、价差、效率差分析等方法定性或定量地进行。

例如，计划和实际成本偏离的原因可能有：

(1)整个工程加速或延缓。

(2)工程施工次序被打乱。

(3)工程费用支出增加，如材料费、人工费上升。

(4)增加新的附加工程，以及工程量增加。

(5)工作效率低下，资源消耗增加等。

进一步分析，还可以发现更具体的原因，如引起工作效率低下的原因可能有：

(1)内部干扰:施工组织不周全,夜间加班或人员调整频繁;机械效率低,操作人员缺少培训,不熟悉新技术,违反操作规程;经济责任未落实,工人劳动积极性不高等。

(2)外部干扰:图纸出错;设计修改频繁;气候条件差;场地狭窄,现场混乱,水、电、道路等施工条件受到影响。

在分析计划和实际成本偏差原因的基础上,进一步分析出各个原因影响量的大小。

2.5.4.2　合同实施偏差责任分析

分析合同偏差的产生是由谁引起的,应该由谁承担责任(这常常是索赔的理由)。只要原因分析详细,有理有据,则责任自然清楚。责任分析必须以合同为依据,按合同规定落实双方的责任。

2.5.4.3　合同实施趋势分析

针对合同实施偏差情况,可采取不同的措施,分析在不同措施下合同执行的结果与趋势,包括:

(1)最终的工程状况,包括总工期的延误、总成本的超支、质量标准、所能达到的生产能力(或功能要求)等。

(2)承包商将承担的后果,如被罚款、被清算,甚至被起诉,对承包商资信、企业形象、经营战略的影响等。

(3)最终工程经济效益(利润)水平。

2.5.4.4　合同实施偏差处理

根据合同实施偏差分析的结果,承包商应该采取相应的调整措施,调整措施可以分为:

(1)组织措施,如增加人员投入,调整人员安排,调整工作流程和工作计划等。

(2)技术措施,如变更技术方案,采用新的高效率的施工方案等。

(3)经济措施,如增加投入,采取经济激励措施等。

(4)合同措施,如进行合同变更,签订附加协议,采取索赔手段等。

2.5.5　合同风险管理

市政工程涉及面广、规模大、周期长,不可避免地受诸如社会、自然等不可抗力与不可预见事件的影响,故承、发包人签订明确双方权利、义务的工程合同尤为重要。而工程合同既是项目管理的法律文件,也是项目全面风险管理的主要依据。风险管理是工程项目管理的一部分,是在风险成本降低与风险收益之间进行权衡并决定采取何种措施的过程。项目管理者必须具有强烈的风险意识,要从合同全过程来识别风险,分析合同管理中存在的哪些风险因素,并对风险的来源和风险产生的影响准确区分,确定风险并对风险预测与评价,最后实施控制化解风险。

市政工程实施阶段的风险主要来源于设计技术风险、施工技术风险、自然及环境风险、政治社会风险、经济风险、合同风险、人员风险、材料设备风险、组织协调风险等,这些风险需要依靠有经验的工程项目管理人员来预测与处理,一般需要从以下几方面着手。

2.5.5.1　严密的语言表达

语言是合同的载体,合同是工程价款变更、调整工程造价的依据。项目管理人员要对施工合同进行完整、全面、详细的研究分析，切实了解自己和对方在合同中约定的权利和义务，预测合同风险，严谨的合同条款可以杜绝或减少争议，从而减小风险。

2.5.5.2 合理的风险分配

根据风险管理的基本理论，市政工程风险应有各方风险，风险分担的原则是，任何一种风险都应由最适宜承担该风险或最有能力进行损失控制的一方承担，符合这一原则的风险转移是合理的，可以取得双赢或多赢的效果。合理的风险分配主要应考虑以下两个方面的因素：

(1)从工程整体效果的角度出发，最大限度地发挥各方面的积极性。因为项目参与者如果不承担任何风险，则他就没有任何责任，就不可能搞好工作。因此，只有让各方承担相应的风险责任，通过风险的分配以加强责任心和积极性，才能达到更好的计划与控制效果。

(2)公平合理，责、权、利平衡。风险的责任和权利应是平衡的，有承担风险的责任，也要给承担者以控制和处理的权利，风险与机会尽可能对等，对于风险承担者应同时享受风险控制获得的收益和机会收益，只有这样才能使参与者勇于去承担风险。

2.5.5.3 选择合适的合同计价形式

根据工程项目的不同内容选择不同的合同计价类型。市政工程具有单一性、个别性，选择合适的计价方式，可降低工程的合同风险。例如，对于工程规模较大、地质条件不很稳定、工程量可能有较大变化的项目，宜采用固定单价合同；对于地质条件较好、工期短、工程量基本不变、施工工艺成熟的项目，可采用固定总价合同；对于招标阶段建材市场价格处于波动状态的项目或施工工期较长的项目，宜在合同主要条款中约定材料调价条款，对于施工设计不是很完善的项目，宜在合同主要条款中约定新增项(子)目的计价条款。

2.5.5.4 强化项目实施过程中现场组织管理

合同谈判人员要对现场管理人员进行合同交底；组建精干得力的项目管理班子，群策群力，建立行之有效的控制手段，对项目实施全过程管理，对工程质量、进度、成本严格控制，避免因工期延误、质量问题及人员、材料、设备浪费带来的风险；市政工程周期长、影响因素多，需加强履约过程的动态管理，定期检查合同执行情况，避免发生与合同条款相违背的情况，并根据工程实际风险发生的可能性，在技术、经济和管理上采取措施，制订相应对策，降低风险损失。

2.5.5.5 注重索赔资料的收集、整理及索赔策略

在施工合同履行过程中，由于一些不可预测风险的发生，承发包双方不能履行合同或不能完全履行合同，索赔是否成立很大程度上取决于索赔证据资料的收集。索赔证据有：会议纪要、施工日志、工程照片、设计变更、指令或通知、气象资料、造价指数等。重视索赔资料的收集，是使工程合同风险合理规避的有效措施。

2.5.5.6 适当的专业分包，降低风险

对于大型建设项目，根据工程的具体情况适当分包，可以选择信誉好的专业队伍，坚持“宁缺毋滥”的原则。

总之，风险是不可避免的，它伴随着工程建设的全过程，只有在合同签订和合同履约管理中，始终坚持“平等互利”原则，依法签订完善合同，强化合同履约管理，善于在合同

中防范风险、合理规避风险,以将项目风险降到最低,才能获得最大的收益。

2.6　市政工程索赔管理

2.6.1　市政工程索赔的概念、原因和分类

市政工程索赔是市政工程管理和建设经济活动中承发包双方之间经常发生的管理业务,正确处理索赔对有效地确定、控制工程造价,保证工程顺利进行有着重要意义。另外,索赔也是承发包双方维护各自利益的重要手段。

2.6.1.1　市政工程索赔的基本概念

索赔是指在合同履行过程中,合同一方因对方不履行或未能正确履行合同所规定的义务或未能保证承诺的合同条件实现而遭受损失后,向对方提出的补偿要求。

2.6.1.2　市政工程索赔的原因和分类

1. 市政工程索赔的原因

(1)发包人违约,包括发包人和工程师没有履行合同责任,没有正确地行使合同赋予的权力,工程管理失误,不按合同支付工程款等。

(2)合同错误,如合同条文不全、错误、矛盾、有二义性,设计图纸、技术规范错误等。

(3)工程变更(含设计变更、发包人提出的工程变更、监理工程师提出的工程变更,以及承包人提出并经监理工程师批准的变更)造成的时间、费用损失。

(4)工程环境变化,包括法律、市场物价、货币兑换率、自然条件的变化等。

(5)不可抗力因素,如恶劣的气候条件、地震、洪水、战争状态、禁运等。

2. 市政工程索赔的分类

市政工程合同索赔的分类见表 2-4。

表 2-4　市政工程合同索赔的分类

分类依据	市政工程索赔类型	说明
按索赔当事人分类	承包人与发包人之间索赔	
	承包人与分包人之间索赔	
	承包人与供贷人之间索赔	
	承包人与保险人之间索赔	

续表 2-4

分类依据	市政工程索赔类型	说明
按索赔事件的影响分类	工期拖延索赔	由于发包人未能按合同规定提供施工条件,如未及时交付设计图纸、技术资料、场地、道路等;或非承包人原因发包人指令停止工程实施;或其他不可抗力因素作用等,造成工程中断,或工程进度放慢,使工期拖延,承包人对此提出索赔
	不可预见的外部障碍或条件索赔	如果在施工期间,承包人在现场遇到一个有经验的承包人通常不能预见到的外界障碍或条件,例如地质与预计的(发包人提供的资料)不同,出现未预见到的岩石、淤泥或地下水等
	工程变更索赔	由于发包人或工程师指令修改设计、增加或减少工程量、增加或删除部分工程、修改实施计划、变更施工次序,造成工期延长和费用损失,承包人对此提出索赔
	工程终止索赔	由于某种原因,如不可抗力因素影响、发包人违约,使工程被迫在竣工前停止实施,并不再继续进行,使承包人蒙受经济损失,因此提出索赔
	其他索赔	如货币贬值、汇率变化,物价和工资上涨、政策法令变化、发包人推迟支付工程款等原因引起的索赔
按索赔要求分类	工期索赔	即要求发包人延长工期,推迟竣工日期
	费用索赔	即要求发包人补偿费用损失,调整合同价格
按索赔所依据的理由分类	合同内索赔	即索赔以合同条文作为依据,发生了合同规定给承包人以补偿的干扰事件,承包人根据合同规定提出索赔要求。这是最常见的索赔
	合同外索赔	指工程过程中发生的干扰事件的性质已经超过合同范围。在合同中找不出具体的依据,一般必须根据适用于合同关系的法律解决索赔问题
	道义索赔	指由于承包人失误(如报价失误、环境调查失误等),或发生承包人应负责的风险而造成承包人重大的损失
按索赔的处理方式分类	单项索赔	单项索赔是针对某一干扰事件提出的。索赔的处理是在合同实施过程中,干扰事件发生时,或发生后立即进行。它由合同管理人员处理,并在合同规定的索赔有效期内向发包人提交索赔意向书和索赔报告
	总索赔,又叫一揽子索赔或综合索赔	这是在国际工程中经常采用的索赔处理和解决方法。一般在工程竣工前,承包人将工程过程中未解决的单项索赔集中起来,提出一份总索赔报告。合同双方在工程交付前或交付后进行最终谈判,以一揽子方案解决索赔问题

2.6.2　市政工程索赔成立的条件和依据

2.6.2.1　索赔成立的条件

(1)与合同对照,事件已造成了承包人工程项目成本的额外支出,或直接工期损失。

(2)造成费用增加或工期损失的原因,按合同约定不属于承包人的行为责任或风险责任。

(3)承包人按合同规定的程序提交索赔意向通知和索赔报告。

2.6.2.2　市政工程索赔的依据

1. 合同文件

合同文件是索赔的最主要依据,包括:合同协议书,中标通知书,投标书及其附件,合同专用条款,合同通用条款,标准、规范及有关技术文件,图纸,工程量清单,工程报价单或预算书。

在合同履行中,发包人与承包人有关工程的洽商、变更等书面协议或文件视为本合同的组成部分。

2. 订立合同所依据的法律法规

(1)适用法律和法规。市政工程合同文件适用国家的法律和行政法规,需要明示的法律、行政法规,由双方在专用条款中约定。

(2)适用标准、规范。双方在专用条款内约定适用国家标准、规范的名称。

2.6.2.3　相关证据

证据是指能够证明案件事实的一切材料。可以作为证据使用的材料书证、物证、证人证言、视听材料、被告人供述和有关当事人陈述、鉴定结论、勘验或检验笔录等七种。

在工程索赔中的证据:

(1)招标文件、合同文本及附件,其他的各种签约(备忘录、修正案等),发包人认可的工程实施计划,各种工程图纸(包括图纸修改指令),技术规范等。

(2)来往信件,如发包人的变更指令,各种认可信、通知、对承包人问题的答复信等。

(3)各种会谈纪要。

(4)施工进度计划和实际施工进度记录。

(5)施工现场的工程文件。

(6)工程照片。

(7)气候报告。

(8)工程中的各种检查验收报告和各种技术鉴定报告。

(9)工地的交接记录(应注明交接日期,场地平整情况,水、电、路情况等),图纸和各种资料交接记录。

(10)建筑材料和设备的采购、订货、运输、进场,使用方面的记录、凭证和报表等。

(11)市场行情资料,包括市场价格、官方的物价指数、工资指数、中央银行的外汇比率等公布材料。

(12)各种会计核算资料。

(13)国家法律、法令、政策文件。

2.6.3 索赔的程序和索赔文件的编制方法

2.6.3.1 索赔的程序

(1)索赔事件发生后28 d内,以索赔通知书的形式,向工程师提出索赔意向通知。

(2)发出索赔意向通知书后28 d内,向工程师提出延长工期和(或)补偿经济损失的索赔报告及有关资料。

(3)工程师在收到承包人送交的索赔报告和有关资料后于28 d内给予答复,或要求承包人进一步补充索赔理由和证据。

(4)工程师在收到承包人送交的索赔报告和有关资料后28 d内未给予答复或未对承包人做进一步要求的,视为该项索赔已经认可。

(5)当该索赔事件持续进行时,承包人应当阶段性向工程师发出索赔意向,在索赔事件终了后28 d内,向工程师送交索赔的有关资料和最终索赔报告,索赔答复程序与(3)、(4)规定相同。

2.6.3.2 索赔文件的编制方法

索赔文件即索赔报告,是合同一方正式向对方提出索赔要求的书面文件。索赔报告包括以下几个方面的内容:

(1)总述部分。概要论述索赔事件发生的日期和过程;承包方为该索赔事项付出的努力和附加开支;承包方的具体索赔要求。

(2)论证部分。是索赔报告的关键部分,其目的是说明自己有索赔权,是索赔能否成立的关键。

(3)索赔费用(或工期)计算部分。论证部分是决定索赔是否成立。而款项的计算是决定能得到多少钱的赔付。前者定性,后者定量。

(4)索赔证据资料。证据资料应翔实、充分,能够有力地支持或证明索赔理由、索赔事件的影响、索赔值的计算。

本章小结

本章主要介绍了市政工程招标投标制度,招标投标的种类、方式与程序;同时,介绍了市政工程合同的谈判与签约、市政工程合同的计价方式、合同的实施管理与风险管理以及工程变更和索赔。

思考题

1. 市政工程项目招标方式有哪些?各自有何优缺点?
2. 根据我国《招标投标法》的规定,哪些建设项目必须进行招标?
3. 招标投标活动应当遵循的原则有哪些?
4. 简述市政工程施工招标程序。
5. 合同价款支付方式有哪些?其适用条件是什么?

6. 我国市政工程合同管理有哪些特征？
7. 建筑企业合同管理制度主要有哪几种？
8. 如何建立市政工程合同管理模式？
9. 试分析签订合同与履行合同可能带来的风险有哪些？
10. 风险如何控制和转移？
11. 什么是索赔？索赔具有哪些特征？
12. 市政工程合同的索赔是如何分类的？
13. 试分析可能引起索赔的原因有哪些？
14. 简述索赔程序。

第3章　市政工程流水施工

案例引入：

某市政桥梁工程施工，施工内容包含土方、结构等。合同开工时间是2017年11月20日，竣工时间是2019年3月18日。如何科学、合理地组织施工，才能按期完成工程项目呢？

3.1　流水施工的基本概念

3.1.1　常用的施工组织方式

工程施工中常用的组织方式有三种，即依次施工、平行施工、流水施工。

【例3-1】　某市政工程划分为工程量相等的三段，其编号分别为Ⅰ、Ⅱ、Ⅲ。各段的基础工程分解为挖土、垫层、砌基础、回填土四个施工过程（见图3-1），每个施工过程的持续时间分别为4 d、2 d、6 d、2 d。它们所需劳动力分别为10人、10人、15人、10人。试组织施工。

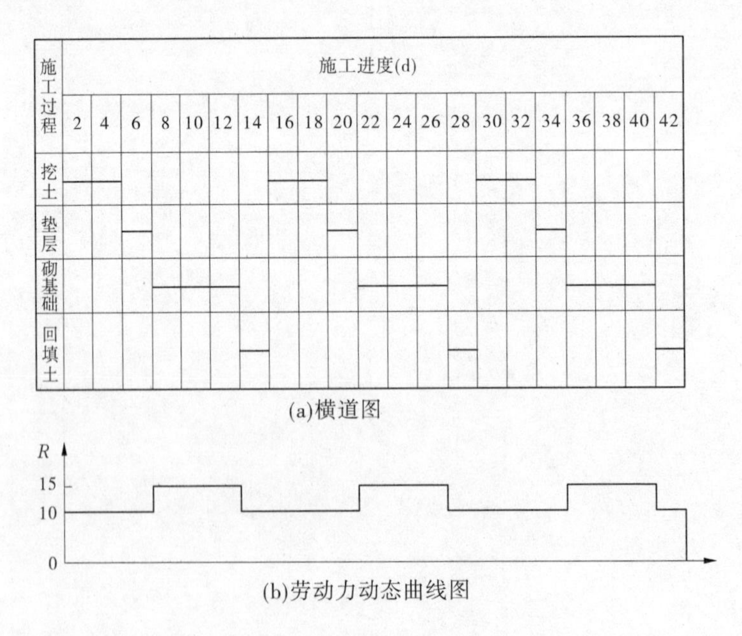

图3-1　按施工段依次施工

（1）依次施工。

①按施工段依次施工。

施工段依次施工组织方式为先施工Ⅰ段的基础工程，待Ⅰ段基础工程的挖土、垫层、砌基础、回填土四个施工过程全部完成后再施工Ⅱ段的基础工程，待Ⅱ段基础工程的所有施工完成后施工Ⅲ段的基础工程。

工期：$T=3\times(4+2+6+2)=42(\mathrm{d})=M\sum t_i$。

②按施工过程依次施工。

依次施工组织方式为按顺序依次施工每段基础工程的挖土，垫层，再施工砌基础，最后施工回填土过程（见图3-2）。

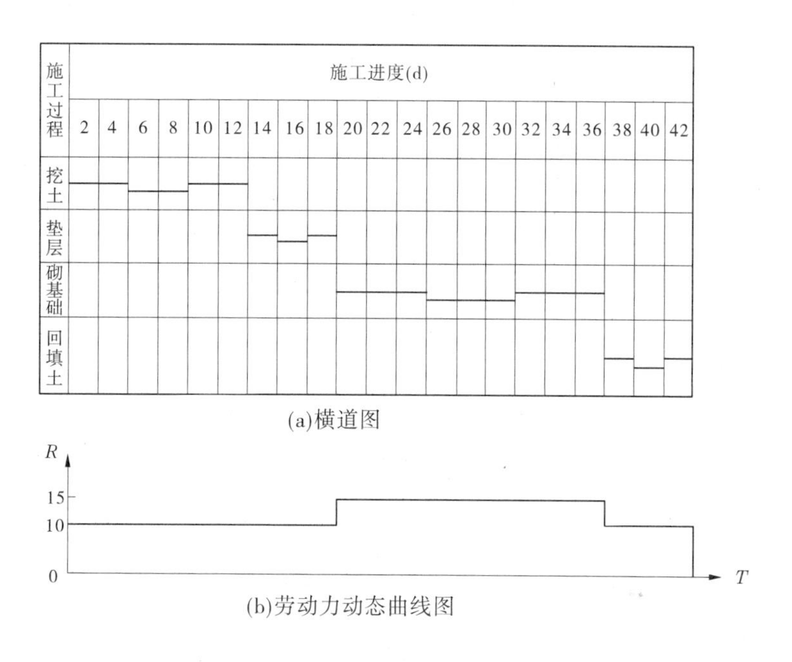

图3-2 按施工过程依次施工

（2）平行施工。

平行施工是所有施工对象在各施工段同时开工、同时完工的一种施工组织方式（见图3-3）。

工期：$T=4+2+6+2=14(\mathrm{d})=\sum t_i$。

（3）流水施工。

流水施工是指所有施工过程按一定的时间间隔依次投入施工，各个施工过程陆续开工，陆续竣工，使同一施工过程的施工班组保持连续、均衡地施工，不同施工过程的专业队伍最大限度地、合理地搭接起来的一种施工组织方式（见图3-4）。

工期：$T=8+2+14+6=30(\mathrm{d})=\sum K_{i,i+1}+T_n$。

三种施工方式的特点比较见表3-1。

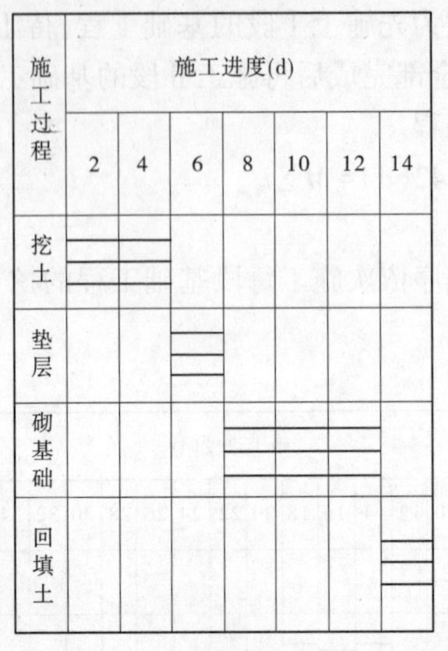

(a)横道图

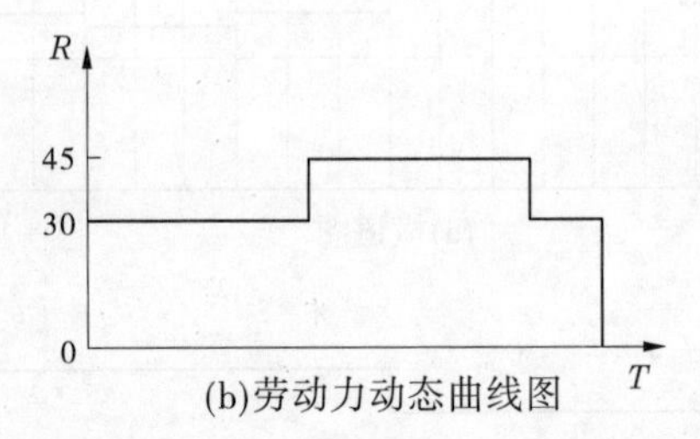

(b)劳动力动态曲线图

图 3-3　平行施工组织方式施工

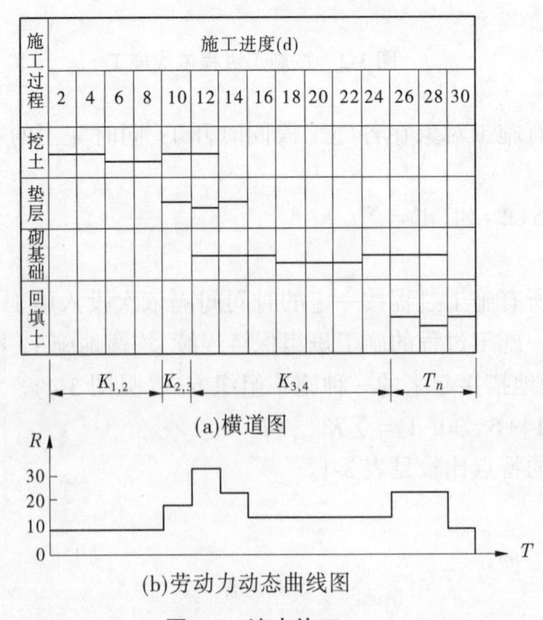

(b)劳动力动态曲线图

图 3-4　流水施工

表 3-1　三种施工方式的特点比较

比较内容	依次施工	平行施工	流水施工
工作面利用情况	不能充分 利用工作面	充分地 利用了工作面	合理、充分地 利用了工作面
工期	最长	最短	适中
窝工情况	按施工段依次 施工有窝工现象	若不进行协调， 则有窝工	主导施工过程班组 不会有窝工现象
专业班组	实行，但要消除 窝工则不能实行	实行	实行
资源投入情况	日资源用量大， 品种单一，且不均匀	日资源用量大， 品种单一，且不均匀	日资源用量适中， 且比较均匀
对劳动生产率和 工程质量的影响	不利	不利	有利

从以上的对比分析，可以看出流水施工方式具有以下特点：

(1)充分利用工作面进行施工，工期较短。

(2)各工作队实现了施工专业化，有利于提高技术水平和劳动生产率，有利于提高工程质量。

(3)专业工作队能够连续施工，并使相邻专业队的开工时间能够最大限度地搭接。

(4)单位时间内资源的适用比较均衡，有利于资源供应的组织。

(5)为施工现场的文明施工和科学管理创造了有利条件。

3.1.2　流水施工的表达方式

流水施工的表达方式，主要有横道图、斜线图和网络图。

3.1.2.1　横道图

横道图如图 3-5 所示。图中的横坐标表示流水施工的持续时间，纵坐标表示施工过程的名称或编号。n 条带有编号的水平线段表示 n 个施工过程或专业工作队的施工进度安排，其编号①、②……表示不同的施工段。横道图具有绘制简单、形象直观的特点。

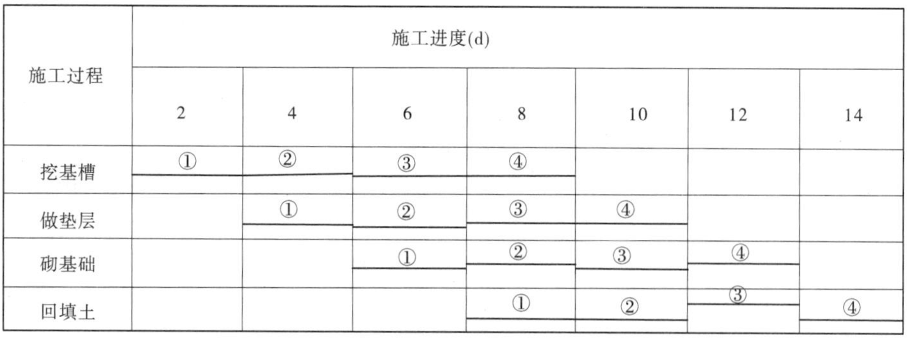

施工过程	施工进度(d)						
	2	4	6	8	10	12	14
挖基槽	①	②	③	④			
做垫层		①	②	③	④		
砌基础			①	②	③	④	
回填土				①	②	③	④

图 3-5　横道图

3.1.2.2　斜线图

斜线图法是将横道图中的水平进度改为斜线来表达的一种形式，其横坐标表示持续时间，纵坐标表示施工段（由下往上），斜线表示每个段完成各道工序的持续时间以及进展情况，斜线图可以直观地从施工段的角度反映出各施工过程的先后顺序以及时空状况。通过比较各条斜线的斜率可以反映出各施工过程的施工速度快慢。

斜线图的实际应用不及横道图普遍。斜线图实例如图 3-6 所示（图表中的Ⅰ、Ⅱ、Ⅲ为段数）。

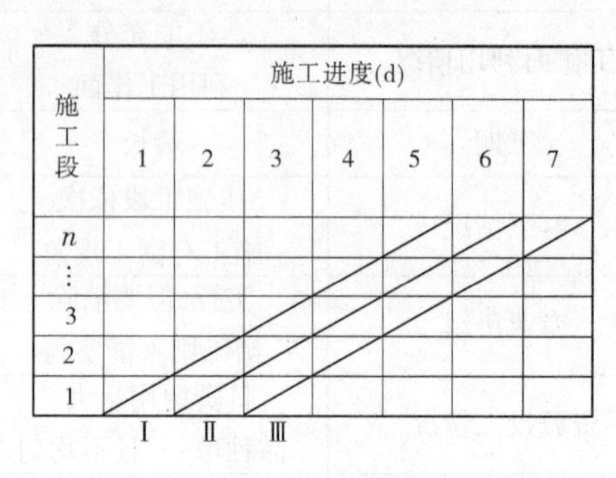

图 3-6　斜线图

3.1.2.3　网络图

网络图的表达形式，详见“第 4 章网络计划技术”。

3.1.3　流水施工的基本参数

在组织流水施工时，为了准确地表达各施工过程在时间和空间上的相互依存关系，需引入一些参数，这些参数称为流水施工参数。流水施工参数可分为工艺参数、空间参数和时间参数三类，具体分类详见表 3-2。

表 3-2　流水施工基本参数

序号	类别	基本参数	代号	说明
1	工艺参数	施工过程数	n	参与一组流水的施工过程数目
		流水强度	V_i	某施工过程在单位时间内所完成的工程量
2	空间参数	施工段	m	将施工对象在平面上划分为若干个劳动量大致相等的施工区段，这些施工区段称为施工段
		施工层	r	为满足专业工种对操作高度的要求，通常将施工项目在竖向上划分为若干个作业层，这些作业层称为施工层
		工作面	a	安排专业工人进行操作或者布置机械设备进行施工所需的活动空间
3	时间参数	流水节拍	t_i	从事某一施工过程的施工队在某一个施工段上完成所对应施工任务所需的时间
		流水步距	$K_{i,i+1}$	相邻两个施工过程的施工队先后进入同一施工段开始施工的时间间隔
		间歇时间	t_j	相邻两个施工过程之间必须留有的时间间隔，分技术间歇和组织间歇
		搭接时间	t_d	当上一施工过程为下一施工过程提供了足够的工作面，下一施工过程可提前进入该段施工，即为搭接施工。该时间为搭接时间
		流水工期	T	完成一项工程任务或一个流水组施工所需的时间

3.1.3.1　工艺参数

在组织流水施工时，用以表达流水施工在施工工艺上开展顺序及其特征的参数，称为工艺参数。工艺参数包括施工过程数和流水强度两种：

(1)施工过程数(n)。施工过程数是将整个建造对象分解成几个施工步骤，每一步骤就是一个施工过程，以符号 n 表示。

(2)流水强度(V_i)。流水强度是指某施工过程在单位时间内所完成的工程量，一般以 V_i 表示。流水强度包括机械施工过程的流水强度和人工施工过程的流水强度。

$$V_i = \sum_{i=1}^{x} R_i S_i \tag{3-1}$$

式中　V_i——某施工过程 i 的机械操作流水程度；

R_i——投入施工过程 i 的某种施工机械台数；

S_i——投入施工过程 i 的某种施工机械产量定额；

x——投入施工过程 i 的某种施工机械种类数。

3.1.3.2　空间参数

在组织流水施工时，用以表达流水施工在空间布置上所处状态的参数，称为空间参数。空间参数主要有施工段、施工层和工作面。

1. 施工段(m)和施工层(r)

施工段和施工层是指工程对象在组织流水施工中所划分的施工区段数目。一般将平面上划分的若干个劳动量大致相等的施工区段称为施工段，用符号 m 表示。将构筑物垂直方向划分的施工区段称为施工层，用符号 r 表示。

1)划分施工段的目的

划分施工段的目的就是组织流水施工。由于市政工程体积庞大，可以将其划分成若干个施工段，从而为组织流水施工提供足够的空间。

2)划分施工段的原则

(1)同一专业施工队在各个施工段上的劳动量大致相等，相差幅度不宜超过 10%~15%。

(2)每个施工段要有足够的工作面，以保证工人、施工机械的生产效率，满足合理劳动组织的要求。

(3)施工段的界限尽可能与结构界限(如沉降缝、伸缩缝等)相吻合，或设在对结构整体性影响小的部位，以保证建筑结构的整体性。

(4)施工段的数目要满足合理流水施工的要求。施工段数目过多，会降低施工速度，延长工期；施工段过少，不利于充分利用工作面，可能造成窝工。

2. 工作面(a)

某专业工种的工人在从事施工生产过程中所必须具备的活动空间，这个活动空间称为工作面。工作面确定得合理与否，直接影响专业工作队的生产效率。因此，必须合理确定工作面。

3.1.3.3　时间参数

在组织流水施工时，用以表达流水施工在时间排列上所处状态的参数，称为时间参数。它主要包括流水节拍、流水步距、间歇时间、搭接时间、流水工期。

1. 流水节拍(t_i)

流水节拍是指从事某一施工过程的施工队在一个施工段上完成施工任务所需的时间,用符号 t_i 表示($i=1,2,\cdots,n$)。流水节拍的大小决定着施工速度和施工的节奏,也是区别流水施工组织方式的特征参数。

确定流水节拍的方法如下:

(1)定额计算法。

$$t_i = \frac{Q_i}{S_i R_i Z_i} = \frac{P_i}{R_i Z_i} \tag{3-2}$$

$$t_i = \frac{Q_i H_i}{R_i Z_i} = \frac{P_i}{R_i Z_i} \tag{3-3}$$

式中　t_i——某施工过程的流水节拍;

Q_i——某施工过程在某施工段上的工程量或工作量;

S_i——某施工队的计划产量定额;

H_i——某施工队的计划时间定额;

P_i——在某一施工段上完成某施工任务所需的劳动量或机械台班数量;

R_i——某施工过程所投入的人工数或机械台数;

Z_i——专业工作队的工作班次。

(2)工期倒排法。对必须在规定日期完成的工程项目,可采用倒排进度法。

(3)经验估算法。根据以往的施工经验估算出流水节拍的最长、最短和正常三种时间,据此求出期望时间值作为某专业工作队在某施工段上的流水节拍。按下面公式计算:

$$t_i = \frac{a + 4c + b}{6} \tag{3-4}$$

式中　t_i——某施工过程在某施工段上的流水节拍;

a——某施工过程在某施工段上的最短估算时间;

b——某施工过程在某施工段上的最长估算时间;

c——某施工过程在某施工段上的正常估算时间。

2. 流水步距($K_{i,i+1}$)

流水步距是指相邻两个施工过程的施工队组先后进入同一施工段开始施工的时间间隔,用符号 $K_{i,i+1}$ 表示(i 表示前一个施工过程,$i+1$ 表示后一个施工过程)。

确定流水步距应考虑以下因素:

(1)各施工过程按各自流水速度施工,始终保持工艺先后顺序。

(2)各施工过程的专业队投入施工后尽可能保持连续作业。

(3)相邻两个专业队在满足连续施工的条件下,能最大限度地实现合理搭接。

3. 间歇时间(t_j)

间歇时间指组织流水施工时,由于施工过程之间的工艺或组织上的需要,必须停留的时间间隔,包括技术间歇时间和组织间隔时间。

技术间歇时间是指由于施工工艺或质量保证的要求,在相邻两个施工过程之间必须留有的时间间隔。例如,钢筋混凝土的养护、路面找平、干燥等。

组织间歇时间是指由于技术组织原因,在相邻两个施工过程中留有的时间间隔。例如,基础工程的验收、浇筑混凝土之前检查钢筋和预埋件并做记录等。

4. 搭接时间(t_d)

当上一施工过程为下一施工过程提供了足够的工作面,下一施工过程可提前进入该段施工,即为搭接施工。搭接施工的时间即为搭接时间。搭接施工可使工期缩短,应多合理采用。

5. 流水工期 T

流水工期是指完成一项工程任务或一个流水组施工所需的时间。由于一项市政工程往往包含有许多流水组,故流水工期一般不是整个工程的总工期。

$$T = \sum K_{i,i+1} + \sum T_n \tag{3-5}$$

式中　T——流水施工的工期;

$\sum T_n$——最后一个施工过程在各个施工的持续时间之和;

$K_{i,i+1}$——流水步距。

3.1.4　组织流水施工的条件

(1)将施工对象的建造过程分成若干个施工过程,每个施工过程分别由专业施工队负责完成。

(2)施工对象的工程量能划分成劳动量大致相等的施工段(区)。

(3)能确定各专业施工队在各施工段内的工作持续时间(流水节拍)。

(4)各专业施工队能连续地由一个施工段转移到另一个施工段,直至完成同类工作。

(5)不同专业施工队之间完成施工过程的时间应适度搭接、保证连续(确定流水步距),这是流水施工显著的特点。

3.2　流水施工的组织方式

流水施工的组织方式根据流水施工节拍是否相同,可分为有节奏流水施工和无节奏流水施工两大类(见图 3-7)。

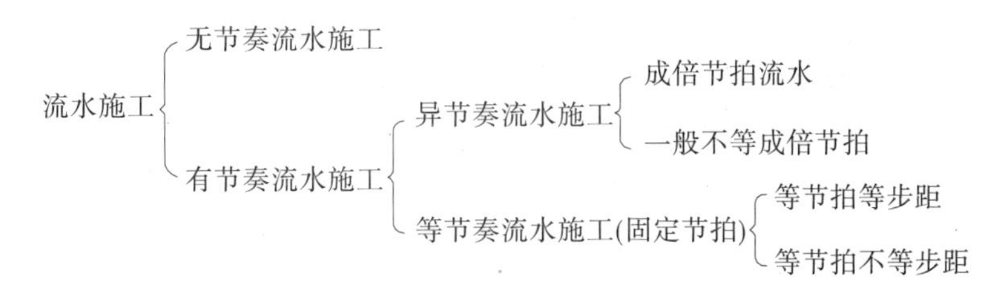

图 3-7　流水施工的分类

3.2.1　有节奏流水施工

3.2.1.1　等节奏流水施工

等节奏流水施工也称为全等节拍流水施工，指同一施工过程在各施工段上的流水节拍都完全相等，并且不同施工过程之间的流水节拍也相等。它是一种最理想的流水施工组织方式。它分为等节拍等步距流水施工和等节拍不等步距流水施工。

1. 等节拍等步距流水施工

等节拍等步距流水施工是指所有过程流水节拍均相等，不同施工过程之间的流水节拍也相等，且流水节拍等于流水步距的一种流水施工方式，即 $t_i=K_{i,i+1}=t=K$。

(1)流水节拍的确定：　$t=t_i=$常数

(2)流水步距的确定：

$$K_{i,i+1}=节拍(t)=常数 \tag{3-6}$$

(3)流水工期的计算：

已知

$$T=\sum K_{i,i+1}+\sum T_n$$

$$\sum K_{i,i+1}=(n-1)t$$

$$T_n=mt$$

则

$$T=(n-1)t+mt \tag{3-7}$$

【例3-2】　某分部工程由四个分项工程组成，划分为挖土、垫层、砌基础、回填土四个施工段，流水节拍均为4 d，过程之间无技术、组织间歇时间。试确定流水步距，计算工期并绘流水施工进度表。

解：由已知条件知，宜组织全等节拍流水施工。进度分析图见图3-8。

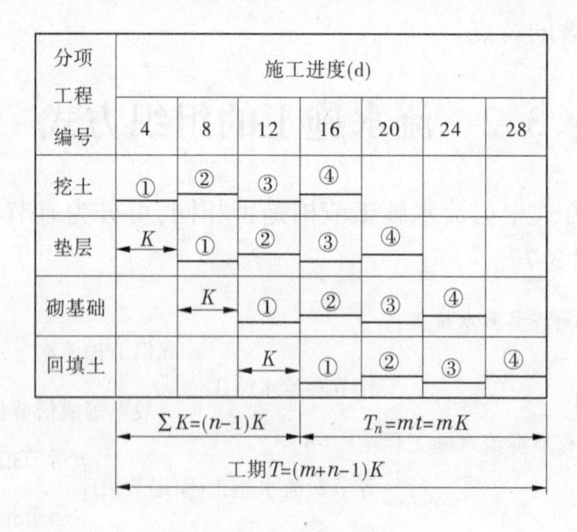

图3-8　进度分析图

(1)确定流水步距。由全等节拍流水的特点知：$K=t=4$ d。

(2)计算工期。$T=(m+n-1)K=(4+4-1)\times4=28$(d)。

(3)用横道图绘制流水施工进度计划(见图 3-9)。

分项工程编号	施工进度(d)						
	4	8	12	16	20	24	28
挖土	①	②	③	④			
垫层	K	①	②	③	④		
砌基础		K	①	②	③	④	
回填土			K	①	②	③	④

图 3-9　等节拍等步距流水施工进度计划

2. 等节拍不等步距流水施工

等节拍不等步距流水施工是指同一施工过程在各阶段上的流水节拍均相等,不同施工过程之间的流水节拍也相等,但各个施工过程之间存在间歇时间和搭接时间的一种流水施工方式。

(1)流水节拍的确定:　$t = t_i =$ 常数

(2)流水步距的确定:

$$K_{i,i+1} = t + t_j - t_d \tag{3-8}$$

(3)流水工期的计算:

已知

$$T = \sum K_{i,i+1} + \sum T_n$$

$$\sum K_{i,i+1} = (n-1)t + \sum t_j - \sum t_d$$

$$T_n = mt$$

则

$$T = (n + m - 1)t + \sum t_j - \sum t_d \tag{3-9}$$

式中　t_j——相邻施工过程之间的间歇时间;

t_d——相邻施工过程之间的搭接时间。

【例 3-3】　某分部工程划分为 A、B、C、D 四个施工过程,每个施工过程划分为三个施工段,其流水节拍均为 4 d,其中施工过程 A 与 B 之间有 2 d 的搭接时间,施工过程 C 与 D 之间有 1 d 的间歇时间。试组织等节奏流水,绘制进度计划并计算流水施工工期。

解:由已知条件知,宜组织等节拍不等步距流水施工。

(1)确定流水步距。由等节拍不等步距流水的特点知:$K = t = 4$ d。

(2)计算工期。

$$T = (n + m - 1)t + \sum t_j - \sum t_d = (4 + 3 - 1) \times 4 + 1 - 2 = 23(\mathrm{d})$$

(3)用横道图绘制流水施工进度计划见图 3-10。

施工过程	施工进度(d)																						
	1	2	3	4	5	6	7	8	9	10	11	12	13	14	15	16	17	18	19	20	21	22	23
A																							
B																							
C																							
D																							

图 3-10 等节拍不等步距流水施工进度计划

等节拍等步距流水施工和等节拍不等步距流水施工的共性为同一施工过程在各施工段上的流水节拍都相等,且不同施工过程之间的流水节拍也相等,即 t 为常数。区别在于等节拍等步距流水相邻两个施工过程之间无间歇时间($t_j=0$),也无搭接时间($t_d=0$),即 $t_j=t_d=0$;等节拍不等步距流水则各施工过程之间有间歇时间或搭接时间,即 $t_j\neq0$ 或 $t_d\neq0$。

等节奏流水施工一般适用于工程规模较小,工程结构比较简单,施工过程不多的构筑物。常用于组织一个分部工程的流水施工,不适用于单位工程,特别是大型的建筑群,因此实际应用范围不是很广泛。

3.2.1.2 异节奏流水施工

异节奏流水施工是指各施工过程的流水节拍都相等,不同施工过程之间的流水节拍不一定相等的一种流水施工方式。该流水施工方式根据各施工过程的流水节拍是否为整数倍(或公约数)关系可以分为成倍节拍流水施工和不等节拍流水施工两种。

1. 成倍节拍流水施工

成倍节拍流水施工是指同一施工过程在各施工段上的流水节拍都相等,不同施工过程之间的流水节拍不完全相等,但各施工过程的流水节拍均为最小流水节拍的整数倍或节拍之间存在最大公约数的流水施工方式。

为了充分利用工作面、加快施工进度,流水节拍大的施工过程应相应增加队组数,每个施工过程所需施工队组数可由下式确定:

$$b_i=\frac{t_i}{t_{\min}} \tag{3-10}$$

式中 b_i——某施工过程所需施工队组数;

t_i——某施工过程的流水节拍;

$t_{\min}$——所有流水节拍中的最小流水节拍。

对于成倍节拍流水施工,任何两个相邻施工队组之间的流水步距均等于所有流水节拍中的最小流水节拍,即

$$K_{i,i+1}=t_{\min} \tag{3-11}$$

成倍节拍流水施工的工期可按下式计算:

$$T=(n'+m-1)t_{\min}+\sum t_j-\sum t_d \tag{3-12}$$

式中 n'——施工队组总数目,$n'=\sum b_i$。

【例 3-4】 某项目由 A、B、C 三个施工过程组成,流水节拍分别为 2 d、6 d、4 d,试组

织成倍节拍流水施工。

解:由已知条件知,组织成倍节拍流水施工。

(1)确定流水步距。$K=t_{min}=$最大公约数{2,6,4}=2 d。

(2)求专业工作队数:

A 过程班组数 $b_1=2/2=1$(个)

B 过程班组数 $b_2=6/2=3$(个)

C 过程班组数 $b_3=4/2=2$(个)

$$n'=\sum b_i=1+3+2=6$$

(3)求施工段数:为了使各专业工作队都能连续有节奏工作,取 $m=n'=6$ 段。

(4)计算工期:$T=(m+n'-1)\times K=(6+6-1)\times 2=22$(d)。

(5)用横道图绘制流水施工进度,如图 3-11 所示。

施工过程编号	工作队	施工进度(d)										
		2	4	6	8	10	12	14	16	18	20	22
A	A	①	②	③	④	⑤	⑥					
B	B_1			①			④					
	B_2				②			⑤				
	B_3					③			⑥			
C	C_1						①		③		⑤	
	C_2							②		④		⑥

图 3-11　成倍节拍流水施工进度计划

2. 不等节拍流水施工

不等节拍流水施工是指同一施工过程在各施工段的流水节拍相等,不同施工过程之间的流水节拍既不相等也不成倍的流水施工方式。

成倍节拍流水施工属于不等节拍流水施工中的一种特殊的形式。在节拍具备成倍节拍特征情况下,但又无法按照成倍节拍流水方式增加班组数,则按照一般不等节拍流水组织施工。

(1)根据节拍确定 $K_{i,i+1}$。

各相邻施工过程的流水步距确定方法为基本步距计算公式

$$K_{i,i+1}=\begin{cases}t_i+(t_j-t_d) & (t_i\leqslant t_{i+1}\text{时})\\ mt_i-(m-1)t_{i+1}+(t_j-t_d) & (t_i>t_{i+1}\text{时})\end{cases} \tag{3-13}$$

(2)计算流水施工工期 T。

$$T=\sum K_{i,i+1}+T_n \tag{3-14}$$

(3)绘制进度计划。

【**例 3-5**】　某工程划分为 A、B、C、D 四个施工过程,分三个施工段组织施工,各施工过程的流水节拍分别为 $t_A = 3$ d,$t_B = 4$ d,$t_C = 5$ d,$t_D = 3$ d;施工过程 B 完成后有 2 d 的技术间歇时间,施工过程 D 与施工过程 C 搭接 1 d。试求各施工过程之间的流水步距及该工程的工期,并绘制流水施工进度计划。

解:(1)确定流水步距。

根据上述条件及公式,各流水步距计算如下:

$$t_A < t_B, t_j = t_d = 0; K_{A,B} = t_A + t_j - t_d = 3 + 0 - 0 = 3(d)$$

$$t_B < t_C, t_j = 2, t_d = 0; K_{B,C} = t_B + t_j - t_d = 4 + 2 - 0 = 6(d)$$

$$t_C > t_D, t_j = 0, t_d = 1$$

$$K_{C,D} = mt_C - (m - 1)t_D + t_j - t_d = 3 \times 5 - (3 - 1) \times 3 + 0 - 1 = 8(d)$$

(2)计算流水工期。

$$T = \sum K_{i,i+1} + T_n = (3 + 6 + 8) + 3 \times 3 = 26(d)$$

(3)绘制流水施工进度计划,如图 3-12 所示。

施工过程	施工进度(d)												
	2	4	6	8	10	12	14	16	18	20	22	24	26
A													
B													
C													
D													

图 3-12　不等节拍流水施工进度计划

3. 成倍节拍流水施工与不等节拍流水施工的差别

成倍节拍流水施工方式比较适用于线形工程(管道、道路等)的施工。不等节拍流水施工方式由于条件易满足,符合实际,具有很强的适用性,广泛应用于分部工程和单位工程流水施工中。组织流水施工时,如果无法按照成倍节拍特征相应增加班组数,每个施工过程只有一个施工班组,也只能按照不等节拍流水组织施工。

3.2.2　无节奏流水施工

无节奏流水施工是指同一施工过程在各施工段上的流水节拍不完全相等的一种流水施工方式。

(1)无节奏流水步距的确定。

流水步距的确定,按“累加数列错位相减取大差法”计算步距。具体方法如下:

①根据专业工作队在各施工段上的流水节拍,求累加数列。

②根据施工顺序,对所求相邻的两累加数列错位相减。

③取错位相减结果中数值最大者作为相邻专业工作队之间的流水步距。

(2)无节奏流水施工工期的计算。

$$T = \sum K_{i,i+1} + T_n \tag{3-15}$$

【例 3-6】 某分部工程划分为 3 个施工段 4 个施工过程,各过程在各施工段的持续时间如表 3-3 所示。试组织流水施工。

表 3-3　某工程无节奏流水节拍值

施工过程	施工段		
	Ⅰ	Ⅱ	Ⅲ
A	2	3	1
B	2	1	2
C	4	3	2
D	2	5	3

解:(1)求流水节拍累加值(见表 3-4)。

表 3-4　无节奏流水节拍累加值

施工过程	施工段		
	Ⅰ	Ⅱ	Ⅲ
A	2	5	6
B	2	3	5
C	4	7	9
D	2	7	10

(2)流水步距的确定。

$$K_{A,B} = \frac{\begin{array}{r}2,\quad 5,\quad 6\\ -)2,\quad 3,\quad 5\end{array}}{\max[2,\ 3,\ 3,\ -5] = 3\ d}$$

$$K_{B,C} = \frac{\begin{array}{r}2,\quad 3,\quad 5\\ -)4,\quad 7,\quad 9\end{array}}{\max[2,\ -1,\ -2,\ -9] = 2\ d}$$

同理,$K_{C,D} = 5$ d。

(3)流水工期的确定。

$$T = \sum K + T_n = 3 + 2 + 5 + (2 + 5 + 3) = 20(d)$$

(4)进度计划表的绘制(见图 3-13)。

$$K_{A,B} = 3\ d, K_{B,C} = 2\ d, K_{C,D} = 5\ d, T = 20\ d$$

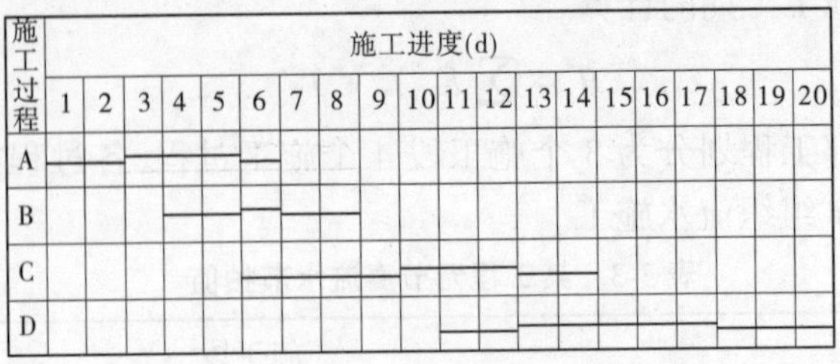

施工过程	施工进度(d)																			
	1	2	3	4	5	6	7	8	9	10	11	12	13	14	15	16	17	18	19	20
A																				
B																				
C																				
D																				

图 3-13　无节奏流水施工进度计划

(5)无节奏流水施工方式的适用范围。

无节奏流水施工在进度安排上比较灵活、自由,适用于各种不同工种、不同结构性质和规模的工程施工组织。

本章小结

本章介绍了市政工程施工常用的施工组织方式概念及其特点,并着重就市政工程流水施工组织的基本概念、施工参数和组织方法进行了详细阐述。

思考题

1. 组织施工有哪三种方式?各有哪些特点?
2. 流水施工有哪些基本参数?各自的含义及确定方法是什么?
3. 组织流水施工需要哪些条件?
4. 流水施工的基本方式有哪几种?各有什么特点?
5. 什么是无节奏流水施工?如何确定其流水步距?

习　题

1. 某工程有 A、B、C 三个施工过程,每个施工过程均划分四个施工段。设 $t_A=3$ d, $t_B=5$ d, $t_C=4$ d。试分别计算依次施工、平行施工及流水施工的工期,并绘制各自的施工进度计划。

2. 某项目有 A、B、C、D 四个施工过程,划分为四个施工段。每段流水节拍均为 3 d,在施工过程 A 与施工过程 B 之间有 2 d 的技术间歇时间,在施工过程 B 与施工过程 C 之间有 1 d 的搭接时间。试计算工期并绘制施工进度计划。

3. 某分部工程包括 A、B、C、D 四个施工过程,流水节拍分别为 $t_A=2$ d, $t_B=6$ d, $t_C=4$ d, $t_D=2$ d,分四个施工段,且施工过程 A、C 完成后各有 1 d 的技术间歇时间。试组织流水施工。

4. 某分部工程包括 A、B、C、D 四个施工过程,划分为四个施工段,流水节拍分别为 $t_A=3$ d, $t_B=5$ d, $t_C=3$ d, $t_D=4$ d。试组织流水施工。

5. 已知各施工过程在各施工段的流水节拍如表 3-5 所示，试组织流水施工。

表 3-5　某工程流水节拍值

施工段	施工过程			
	1	2	3	4
Ⅰ	5	4	2	3
Ⅱ	3	4	5	3
Ⅲ	4	5	3	2
Ⅳ	3	5	4	3

第4章　网络计划技术

案例引入：

某工程项目为地下三层钢筋混凝土框架结构，采用盖挖逆作法施工。车站围护结构采取连续墙的支护形式。工期要求紧，施工方工程进度压力大。如果盲目赶工，难免会出现质量问题、安全问题以及增加施工成本。因此，要使工程项目保质、保量、按期完成，就应进行科学的进度管理。

4.1　基本概念

4.1.1　网络图

网络计划的表达形式是网络图。网络图是指由箭线和节点组成的、用来表示工作流程的有向、有序的网状图形。在网络图中，按节点和箭线所代表的含义不同，分为双代号网络图和单代号网络图。

4.1.1.1　双代号网络图

双代号网络图是以箭线及其两端节点的编号表示工作的网络图，即用两个节点、一根箭线代表一项工作，且仅代表一项工作。工作名称写在箭线上面，工作持续时间写在箭线下面，在箭线前后的衔接处画上节点并编上号码，以节点编号 i 和 j 代表一项工作名称，如图4-1所示。

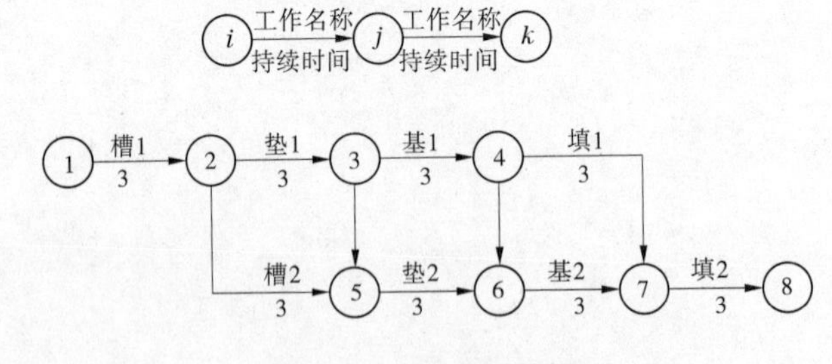

图4-1　双代号网络图

4.1.1.2　单代号网络图

用一个节点及其编号表示一项工作，用箭线表示工作之间逻辑关系的网络图称为单代号网络图。工作名称、持续时间和工作代号均标注在节点内，如图4-2所示。

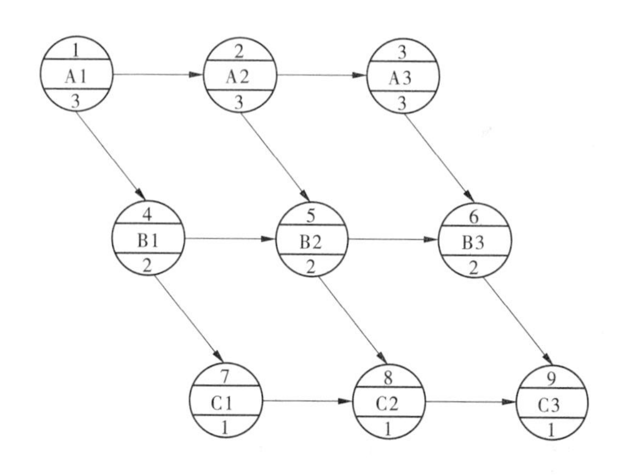

图 4-2　单代号网络图

4.1.2　网络图的基本要素

4.1.2.1　双代号网络图的基本要素

1. 箭线(工作)

双代号网络图中,一条箭线代表一项工作。箭线的方向表示工作的开展方向,箭尾表示工作的开始,箭头表示工作的结束,如图 4-3 所示。

图 4-3　实工作与虚工作

工作通常分三种:①既消耗时间又消耗资源的工作(如绑扎钢筋)。②只消耗时间而不消耗资源的工作(如混凝土养护)。这两项工作都是实际存在的,称为实工作,用实箭线表示。③既不消耗时间又不消耗资源的工作,称为虚工作,仅表示前后工作之间的逻辑关系,用虚箭线表示。

2. 节点

在双代号网络图中,节点用圆圈"○"表示。它表示一项工作的开始或结束,是工作的连接点。网络计划的第一个节点,称为起点节点,它是整个项目计划的开始节点;网络计划的最后一个节点,称为终点节点,表示一项计划的结束;其余节点称为中间节点。

节点编号的基本规则是:编号顺序由起点节点顺箭线方向至终点节点;要求每一项工作的开始节点号码小于结束节点号码;不重号,不漏编。

3. 线路

网络图中,由起点节点沿箭线方向经过一系列箭线与节点至终点节点所形成的路线,称为线路,如图 4-4 所示。

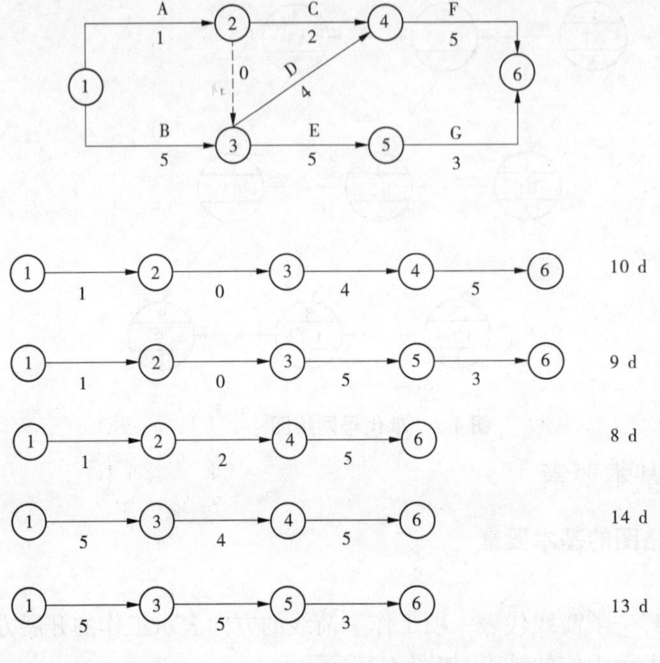

图 4-4　双代号网络图线路

在一个网络图中，一般存在着许多条线路，每条线路都包含若干项工作，这些工作的持续时间之和就是线路总的工作持续时间。在所有线路中，持续时间最长的线路，其对整个工程的完工起着决定性作用，称为关键线路，其余线路称为非关键线路。关键线路的持续时间即为该项计划的工期。关键线路宜用粗箭线、双箭线或彩色箭线标注，以突出其在网络计划中的重要位置，如图 4-5 所示。

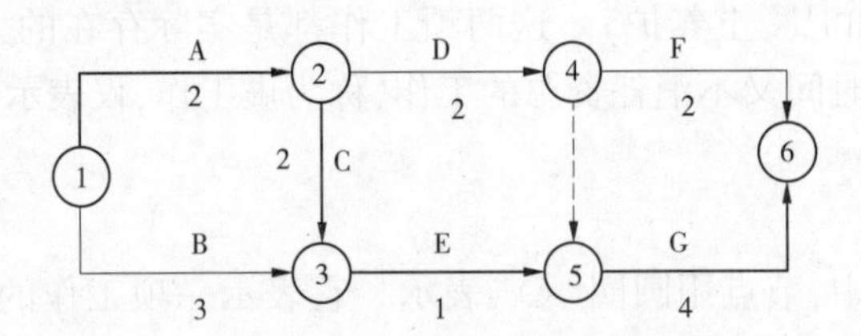

图 4-5　双代号网络关键线路

位于关键线路上的工作称为关键工作，其余工作称为非关键工作。

4.1.2.2　单代号网络图的基本要素

1. 箭线

单代号网络图中的箭线表示相邻工作间的逻辑关系。在单代号网络图中只有实箭线，没有虚箭线。

2. 节点

单代号网络图的节点表示工作，一般用圆圈或方框表示。工作名称、持续时间及工作代号标注于节点内，如图 4-6 所示。单代号节点编号的原则与双代号相同。

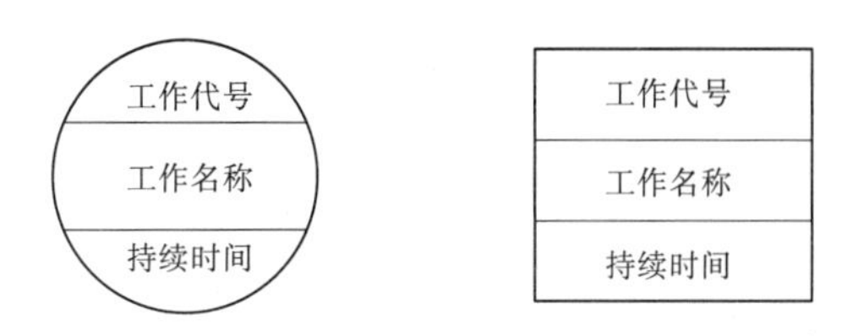

图 4-6　单代号网络图工作表示方法

3. 线路

与双代号网络图中线路的含义相同。

4.1.3　网络图中工作间的关系

网络图中工作间有紧前工作、紧后工作和平行工作三种关系,如图 4-7 所示。

(1)紧前工作。紧排在本工作之前的工作称为本工作的紧前工作。

(2)紧后工作。紧排在本工作之后的工作称为本工作的紧后工作。本工作和紧后工作之间可能有虚工作。

(3)平行工作。可与本工作同时进行的工作称为本工作的平行工作。

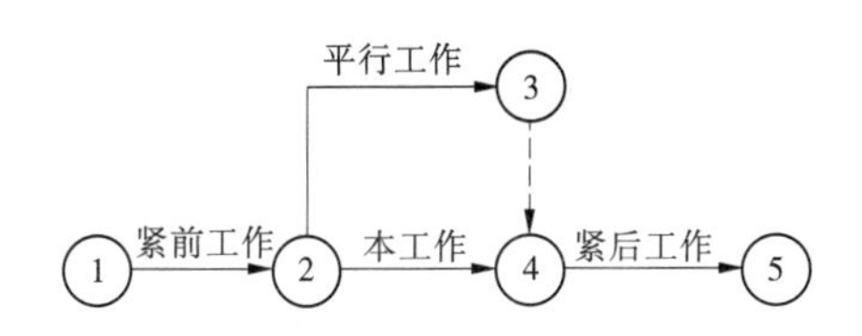

图 4-7　网络图各工作逻辑关系

4.2　网络图的绘制

4.2.1　双代号网络图的绘制

4.2.1.1　双代号网络图逻辑关系的表达方法

逻辑关系是指网络计划中各项工作客观存在的一种先后顺序关系,是相互依赖、相互制约的关系。逻辑关系又分为工艺逻辑关系和组织逻辑关系,其中工艺逻辑关系是由生产工艺客观上所决定的各项工作之间的先后顺序关系;组织逻辑关系是在生产组织安排中,考虑劳动力、机具、材料或工期的影响,在各项工作之间主观上安排的先后顺序关系,如表 4-1 所示。

4.2.1.2　双代号网络图的绘制原则

(1)一个网络图中,应只有一个起点节点和一个终点节点,如图 4-8 所示。

(2)网络图中不允许出现循环回路,如图 4-9 所示。

表 4-1 双代号网络图逻辑关系

编号	工作间的逻辑关系	网络图中的表达方法	说明
1	A 工作完成后进行 B 工作	A B	A 工作的结束节点是 B 工作的开始节点
2	A、B、C 三项工作同时开始	A B C	三项工作具有共同的开始节点
3	A、B、C 三项工作同时结束	A B C	三项工作具有共同的结束节点
4	A 工作完成后进行 B 工作和 C 工作	A B C	A 工作的结束节点是 B、C 工作的开始节点
5	A、B 工作完成后进行 C 工作	A B C	A、B 工作的结束节点是 C 工作的开始节点

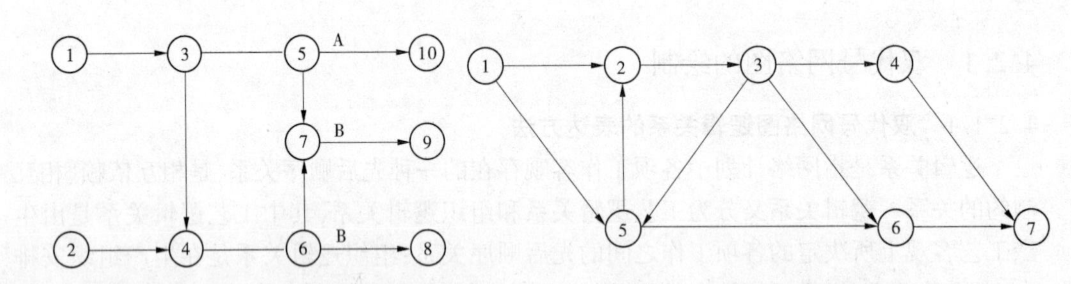

图 4-8 多个起点节点和终点节点的双代号网络图　　图 4-9 循环的双代号网络图

(3) 在网络图中不允许出现没有箭尾节点和没有箭头节点的箭线。

(4) 在网络图中不允许出现带有双向箭头或无箭头的连线，如图 4-10 所示。

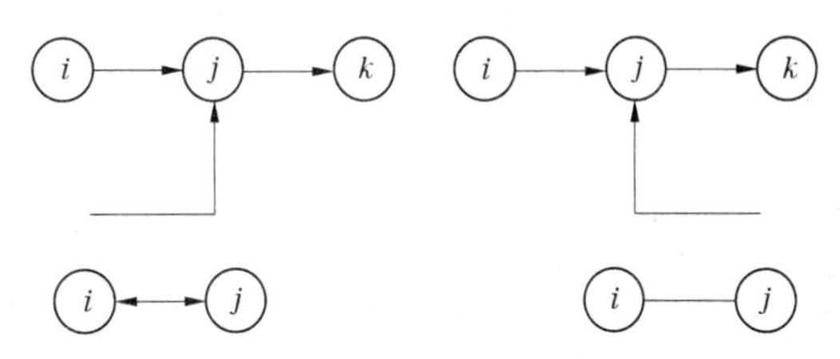

图 4-10　双代号网络图错误画法

(5)应尽量避免箭线交叉。当交叉不可避免时,可采用过桥法、断线法等表示,如图 4-11 所示。

(6)当网络图的起点节点有多条外向箭线或终点节点有多条内向箭线时,为使图形简洁,可用母线法绘制,如图 4-12 所示。

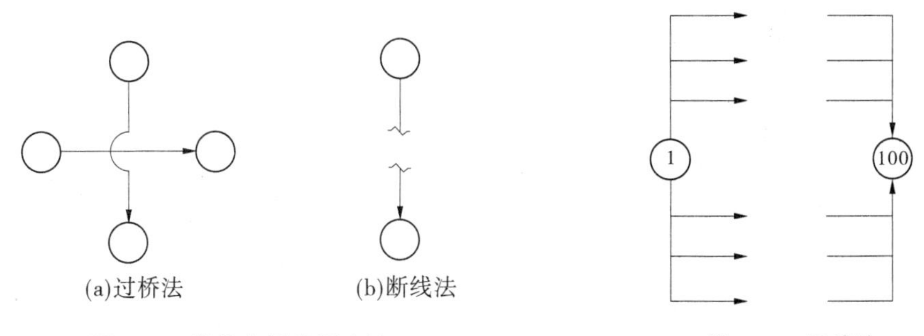

图 4-11　箭线交叉表示方法　　图 4-12　母线法

4.2.1.3　绘制双代号网络图应注意的问题

(1)网络图布局要规整,层次清楚,重点突出。尽量采用水平箭线和垂直箭线,少用斜箭线,避免交叉箭线。

(2)减少网络图中不必要的虚箭线和节点,如图 4-13 和图 4-14 所示。

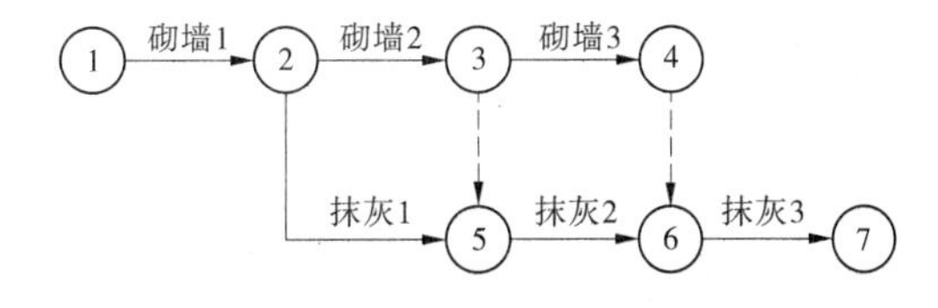

图 4-13　有多余虚工序和多余节点的网络图

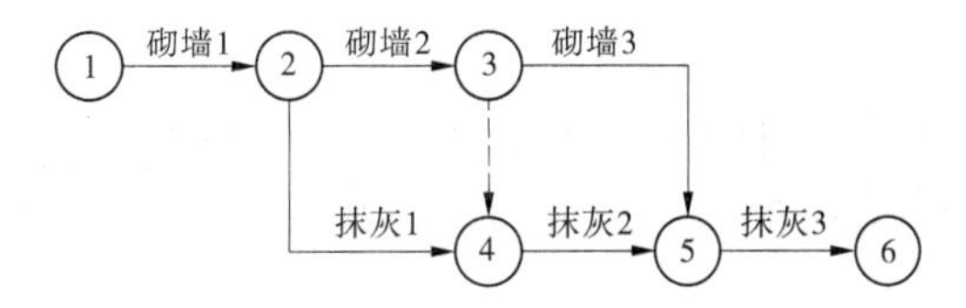

图 4-14　去掉多余虚工序和多余节点的网络图

【例 4-1】　某工程工作逻辑关系如表 4-2 所示,绘制双代号网络图。

表 4-2　某工程工作逻辑关系

工作名称	A	B	C	D	E	F
紧前工作	—	A	A	B	B、C	D、E

解:以表 4-2 中给出的工作逻辑关系为例,说明绘制网络图的方法:

(1)由起点节点画出 A 工作,如图 4-15(a)所示。

(2)由表 4-2 可知,B、C 工作都只有一项紧前工作 A,所以可以从 A 工作的结束节点直接引出 B、C 两项工作,如图 4-15(b)所示。

(3)由表 4-2 可知,D 工作只有一项紧前工作 B,故可以直接从 B 工作结束节点引出 D 工作;E 工作有两项紧前工作 B、C,分别从 B、C 两项工作的结束节点,引出两项虚工作,并交汇一个新节点,然后从这一新节点引出 E 工作,如图 4-15(c)所示。

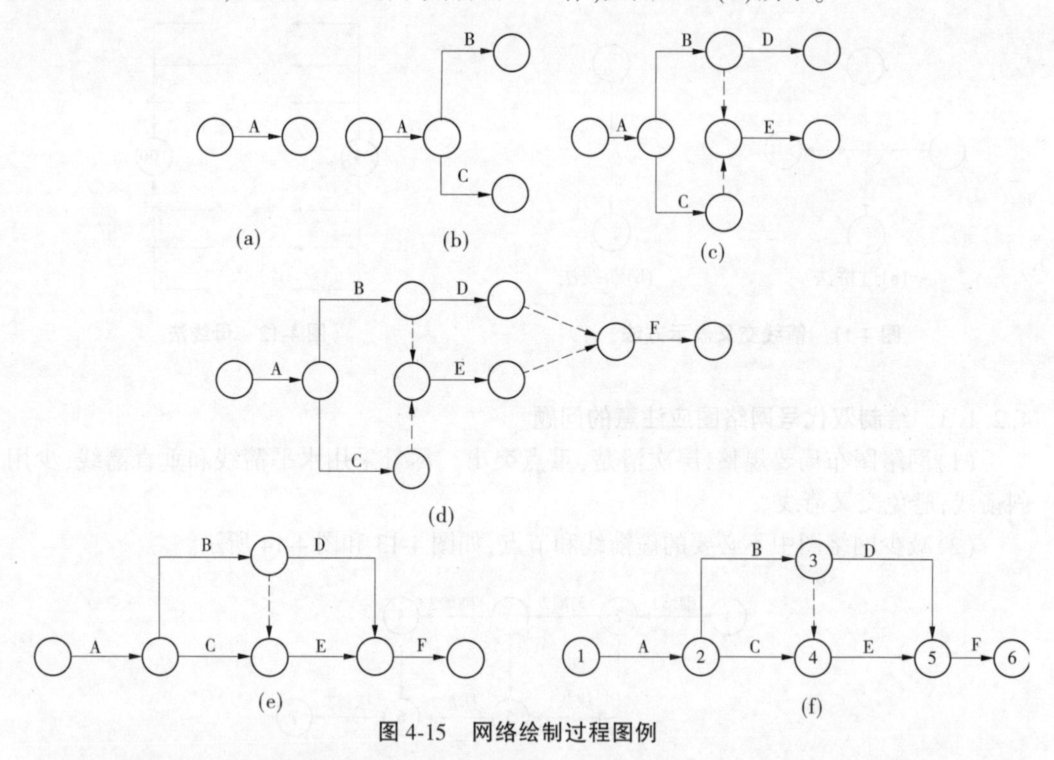

图 4-15　网络绘制过程图例

(4)按与(3)中类似的方法把 F 工作标画出,如图 4-15(d)所示。参照工作明细表,图 4-15(d)所示网络图就是所标画的网络草图。

(5)去掉多余虚工作,并对网络进行整理。

从图 4-15(d)去掉多余的虚工作并略加整理后,变为图 4-15(e)所示。

(6)节点编号。节点编号的原则:从左到右,从上到下,遵循箭尾节点小于箭头节点编号的原则,见图 4-15(f)。

4.2.2　单代号网络图的绘制

4.2.2.1　单代号网络图的绘制规则

(1)单代号网络图必须正确表述已定的逻辑关系。

(2)单代号网络图中,严禁出现循环回路。

(3)单代号网络图中,严禁出现双向箭头或无箭头的连线。

(4)单代号网络图中,严禁出现没有箭尾节点的箭线和没有箭头节点的箭线。

(5)绘制单代号网络图时,箭线不宜交叉。当交叉不可避免时,可采用过桥法和指向法绘制。

(6)单代号网络图中只应有一个起点节点和一个终点节点;当网络图中有多个起点节点或多个终点节点时,应在网络图的两端分别设置一项虚工作,作为该网络图的起点节点(S_t)和终点节点(F_{in})。

4.2.2.2　单代号网络图的绘制方法

单代号网络图的绘制与双代号网络图的绘制基本相同,其绘制步骤如下:

(1)列出工作明细表。根据工程计划把工程细分为工作,并把各工作在工艺上、组织上的逻辑关系用紧前工作、紧后工作代替。

(2)根据工作间各种关系绘制网络图。绘图时,要从左向右,逐个处理工作明细表中所给的关系。只有当紧前工作绘制完成后,才能绘制本工作,并使本工作与紧前工作的箭线相连。当出现多个起点节点或终点节点时,增加虚拟起点节点或终点节点,并使之与多个起点节点或终点节点相连,形成符合绘图规则的完整网络图。

当网络图中出现多项没有紧前工作的工作节点和多项没有紧后工作的工作节点时,应在网络图的两端分别设置虚拟的起点节点和虚拟的终点节点,如图 4-16 所示。

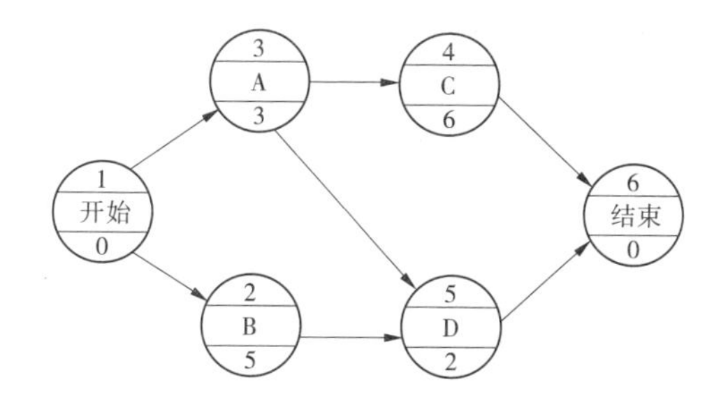

图 4-16　单代号网络图

4.3　网络计划时间参数的计算

4.3.1　双代号网络计划时间参数的计算

4.3.1.1　时间参数的概念及符号

(1)工作的持续时间(D_{i-j})。指一项工作从开始到完成的时间。

(2)工期。

工期是指完成一项任务所需的时间,一般有以下三种工期:

①计算工期:根据时间参数计算所得到的工期,用 T_c 表示。

②要求工期:任务委托人提出的指令性工期,用 T_r 表示。

③计划工期:考虑要求工期和计算工期所确定的作为实施目标的工期,用 T_p 表示。

当规定了要求工期时:$T_p \leqslant T_r$。

当未规定要求工期时:$T_p = T_c$。

(3)网络计划中工作的时间参数。

①工作的最早开始时间(ES_{i-j})。指各紧前工作全部完成后,本工作有可能开始的最早时刻。

②工作的最早完成时间(EF_{i-j})。指各紧前工作全部完成后,本工作有可能完成的最早时刻。

③工作的最迟开始时间(LS_{i-j})。指不影响整个任务按期完成的前提下,工作必须开始的最迟时刻。

④工作的最迟完成时间(LF_{i-j})。指不影响整个任务按期完成的前提下,工作必须完成的最迟时刻。

⑤时差。可以提前或延缓某项工作,而不影响其他工作或总进度的时间,称为该项工作的时差。没有时差的工作称为关键工作。

⑥自由时差(FF_{i-j})。指本工作利用的机动时间,不影响其紧后工作最早开始的时差。

⑦总时差(TF_{i-j})。指本工作可利用的机动时间,不影响总进度(其他工作)的时差。

4.3.1.2 计算网络图各时间参数

计算双代号网络图时间参数的方法有节点计算法、工作计算法、图上计算法和标号法等,本章介绍工作计算法。

工作计算法是以网络计划中的工作为对象,直接计算各项工作的时间参数。其常采取的时间标注形式及每个参数的位置如图 4-17 所示。

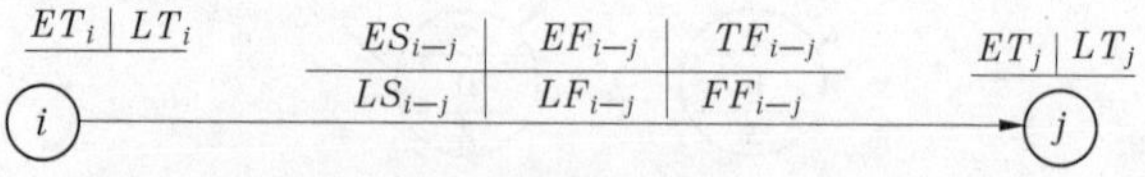

$ET_i \mid LT_i$

ES_{i-j}	EF_{i-j}	TF_{i-j}
LS_{i-j}	LF_{i-j}	FF_{i-j}

$ET_j \mid LT_j$

$i \longrightarrow j$

图 4-17 双代号网络图时间参数标注形式

【例 4-2】 某双代号网络计划如图 4-18 所示,试用工作计算法进行时间参数的计算。

(1)计算工作的最早开始时间和最早完成时间,如图 4-19 所示。

从起点节点开始,顺着箭头方向依次进行:

①以起点节点为开始节点的工作,当未规定最早开始时间时,最早开始时间为零。

②最早完成时间=最早开始时间+该工作的持续时间。

③其他工作的最早开始时间等于其紧前工作最早完成时间的最大值。

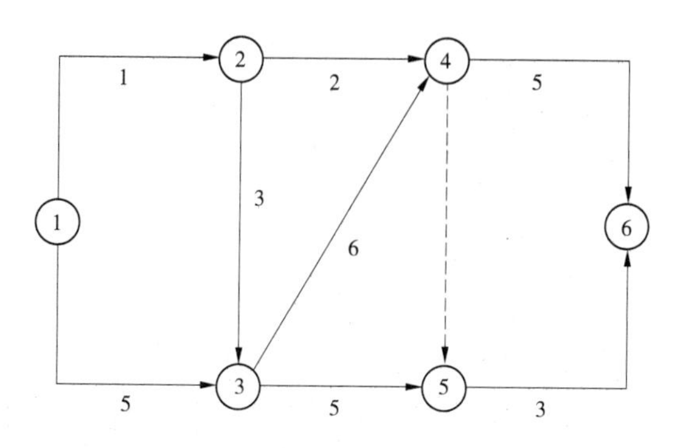

图 4-18　双代号网络图

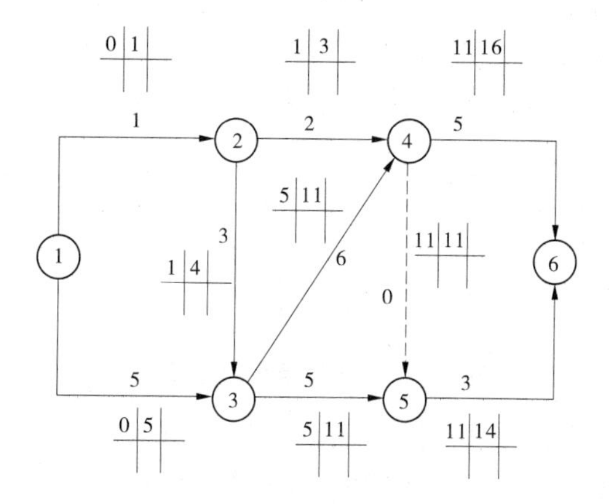

图 4-19　双代号网络图计算过程

④计算工期等于以终点节点为完成节点的工作的最早完成时间的最大值。

(2)确定网络计划的计划工期。

当未规定要求工期时：$T_p = T_c$。

(3)计算最迟完成时间和最迟开始时间，如图 4-20 所示。

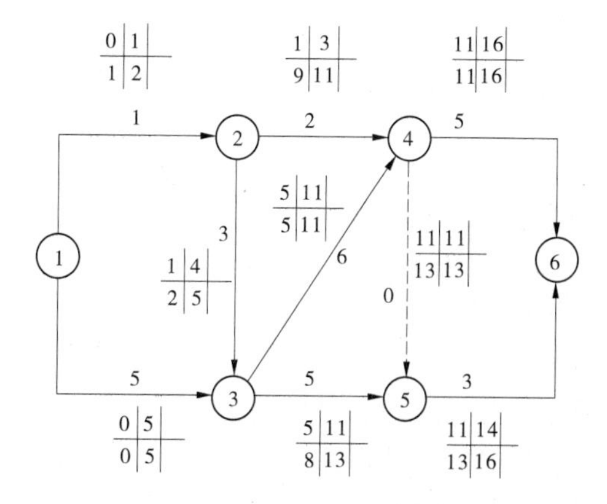

图 4-20　双代号网络图计算过程

从网络计划的终点节点开始，逆着箭线方向依次进行。

①以终点节点为完成节点的工作,其最迟完成时间等于网络计划的计划工期。

②工作的最迟开始时间=最迟完成时间-该工作的持续时间。

③其他工作的最迟完成时间等于其紧后工作最迟开始时间的最小值。

(4)计算工作的总时差。

工作的总时差等于该工作最迟完成时间与最早完成时间之差,或该工作最迟开始时间与最早开始时间之差。

(5)计算工作的自由时差(见图 4-21)。

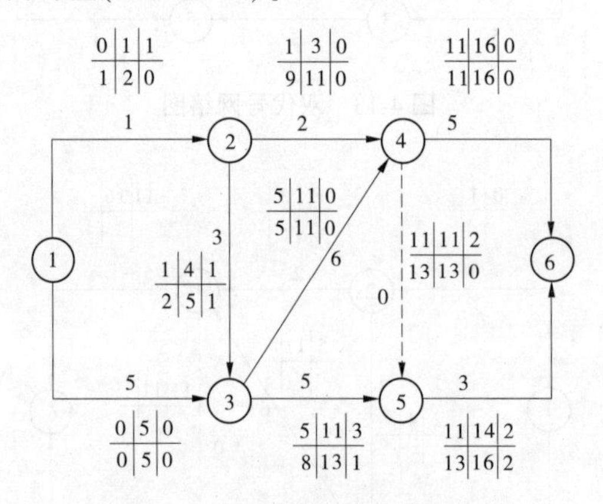

图 4-21　双代号网络图计算结果

①无紧后工作的工作,其自由时差等于计划工期与本工作最早完成时间之差。

②有紧后工作的工作,其自由时差等于本工作的紧后工作最早开始时间减本工作最早完成时间所得之差的最小值。

(6)确定关键工作和关键线路。

总时差最小的工作为关键工作,将关键工作首尾相连,得到至少一条从起点到终点的线路,总持续时间最长的线路为关键线路。

4.3.2　单代号网络计划时间参数的计算

【例 4-3】　已知网络计划如图 4-22 所示,试用图上计算法计算各项工作的六个时间参数,并确定工期,标出关键线路,如图 4-23 所示。

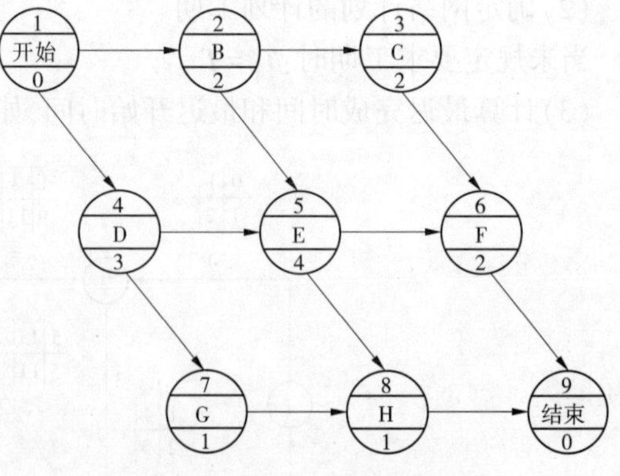

图 4-22　某工程单代号网络图

(1)计算工作的最早可能开始时间和最早完成时间。

(2)计算工作的最迟开始时间和最迟完成时间。

(3)计算工作的总时差,标出关键线路。

(4)计算工作的自由时差。

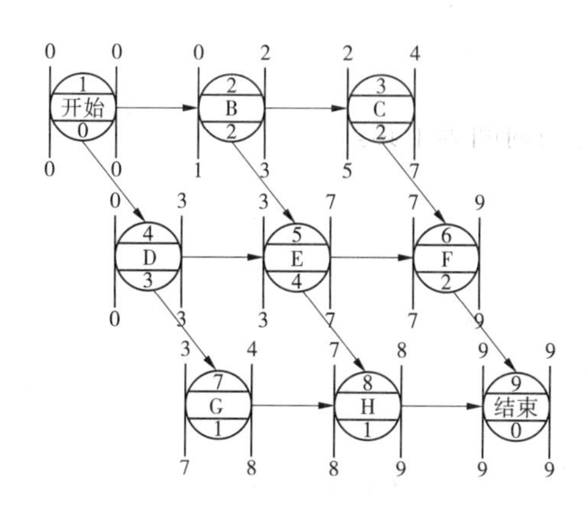

图4-23　单代号网络图计算结果

4.4　时标网络计划

时标网络计划是网络计划的一种表现形式，以时间坐标为尺度编制的网络计划，如图4-24所示。在时标网络计划中，箭线长短和所在位置表示工作的时间进程。根据表达工序时间含义的不同可分为早时标网络计划和迟时标网络计划。

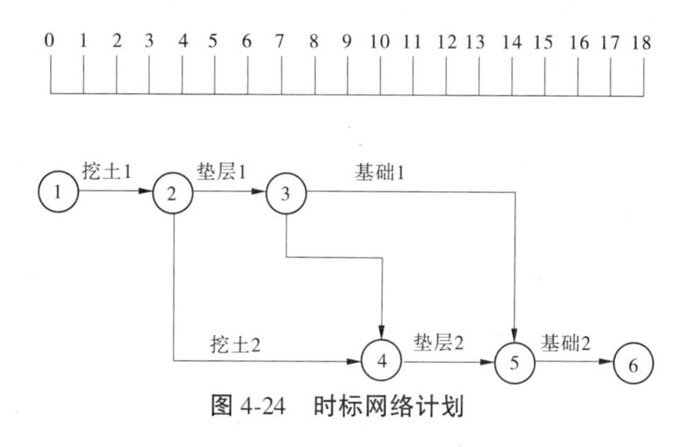

图4-24　时标网络计划

4.4.1　时标网络计划的一般规定

（1）时标网络计划必须以水平的时间坐标为尺度表示工作时间。时标的单位应该在编制网络计划前根据需要确定，可以是时、天、周、月、季。

（2）时标网络计划以实箭线表示工作，以虚箭线表示虚工作，以波形线表示工作的自由时差。

（3）时标网络计划中所有符号在时间坐标上的水平投影都必须与其时间参数相对应，节点中心必须对准相应的时间位置。

（4）虚工作必须以垂直方向的虚箭线表示，有时差时加波形线表示。

4.4.2　时标网络计划的绘制方法

时标网络计划的绘制方法有两种，即直接法绘制和间接法绘制，本书介绍采用间接法绘制早时标网络计划，其绘制步骤如下：

(1)绘制无时标网络计划草图，计算时间参数(节点参数)，确定关键工作和关键线路。

(2)绘制时间坐标；以 T 为依据。

(3)根据网络图中各节点的最早时间，从起点节点开始将各节点逐个定位在时间坐标上。

(4)从节点依次向外绘出箭线。箭线最好画成水平或由水平线和竖直线组成的折线箭线。如箭线画成斜线，则以其水平投影长度为其持续时间。如箭线长度不够与该工作的结束节点直接相连，则用波形线从箭线端部画至结束节点处。波形线的水平投影长度，即为该工作的时差。

(5)用虚箭线连接工艺和组织逻辑关系。在时标网络计划中，有时会出现虚线的投影长度不等于零的情况，其水平投影长度为该虚工作与前、后工作的公共时差，可用波形线表示。

(6)把时差为零的箭线从起点节点到终点节点连接起来，并用粗箭线或双箭线或彩色箭线表示，即形成时标网络计划的关键线路。

【例 4-4】　利用间接法绘制时标网络计划，要求将以下无时标网络计划(见图 4-25)改绘为早时标网络计划。

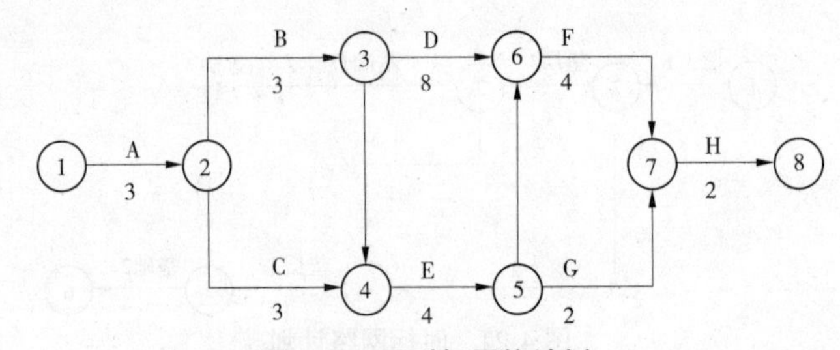

图 4-25　无时标网络计划

第一步：计算网络图节点时间参数，如图 4-26 所示。

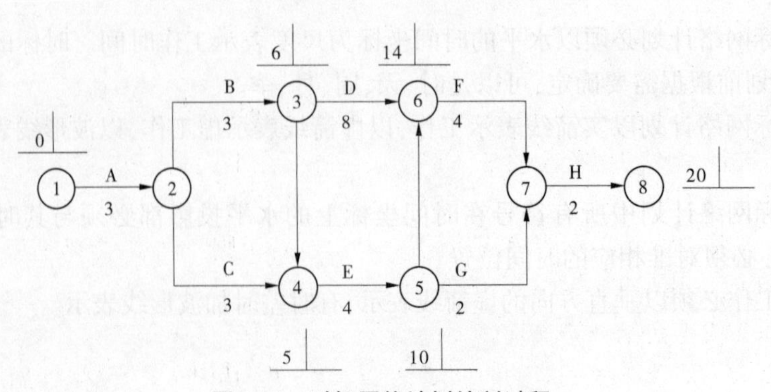

图 4-26　时标网络计划绘制过程

第二步：绘制时间坐标网，并在时间坐标网中确定节点位置，如图 4-27 所示。

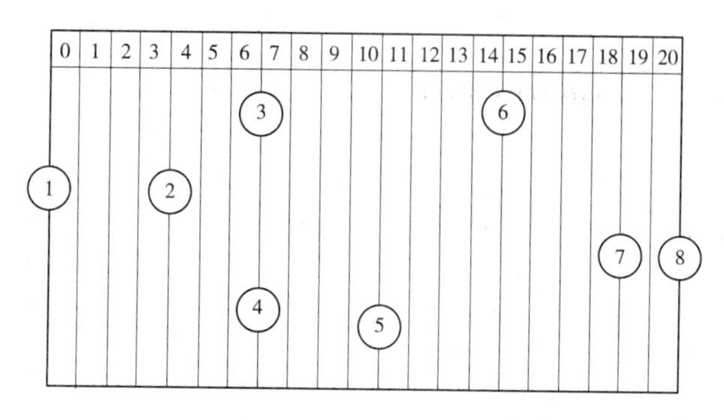

图 4-27 时间坐标网

第三步：从节点依次向外引出箭线，如图 4-28 所示。

第四步：标明关键线路，如图 4-28 所示。

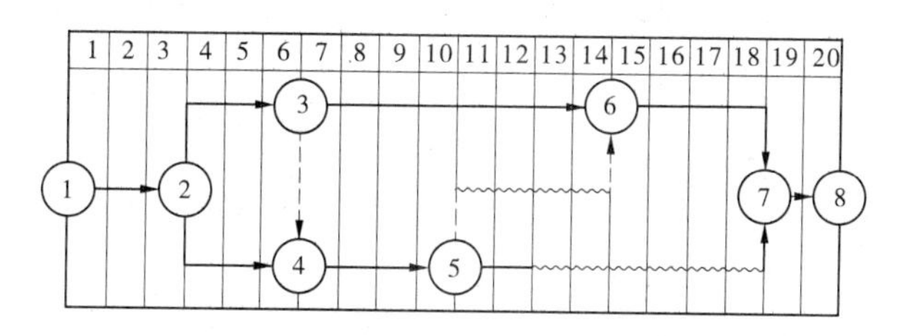

图 4-28 时标网络计划

4.5 网络计划优化

网络计划的优化，就是在满足既定约束条件下，按选定目标，通过不断改进网络计划寻求满意方案。

项目管理的三大目标控制就是工期目标、费用目标和质量目标，网络计划的优化，按其优化达到的目标不同，可分为工期优化、费用优化、资源优化三种。

4.5.1 工期优化

所谓工期优化，是指网络计划的计算工期不满足要求工期时，通过压缩关键工作的持续时间以满足要求工期目标的过程。

网络计划工期优化的基本方法是在不改变网络计划中各项工作之间逻辑关系的前提下，通过压缩关键工作的持续时间来达到优化目标。在工期优化过程中，按照经济合理的原则，不能将关键工作压缩成非关键工作。此外，当工期优化过程中出现多条关键线路时，必须将各条关键线路的总持续时间压缩相同数值；否则，不能有效地缩短工期。

工期优化的步骤如下：

（1）计算并找出初始网络计划的关键线路、关键工作。

（2）按要求工期计算应缩短的时间 ΔT：$\Delta T = T_c - T_r$，其中 T_c 为网络计划的计算工期，

T_r 为要求工期。

(3)确定各关键工作能缩短的持续时间,按以下因素考虑要压缩的关键工作:

①缩短持续时间后对质量和安全影响不大的关键工作;

②有充足备用资源的关键工作;

③缩短持续时间需增加费用最少的关键工作。

(4)将所选定的关键工作的持续时间压缩至最短,并重新确定计算工期和关键线路。若被压缩的工作变成非关键工作,则应延长其持续时间,使之仍为关键工作。

(5)当计算工期仍超过要求工期时,则重复上述步骤(2)~(4),直至计算工期满足要求工期或计算工期已不能再压缩。

(6)当所有关键工作的持续时间都已达到其能缩短的极限而寻求不到继续缩短工期的方案,但网络计划的计算工期仍不能满足要求工期时,应对网络计划的原技术方案、组织方案进行调整,或对要求工期重新审定。

【例 4-5】　已知某工程网络计划如图 4-29 所示。图中箭线下方括号外数据为工作正常持续时间,括号内数据为工作最短持续时间。假定要求工期为 20 d,试对该原始网络计划进行工期优化。

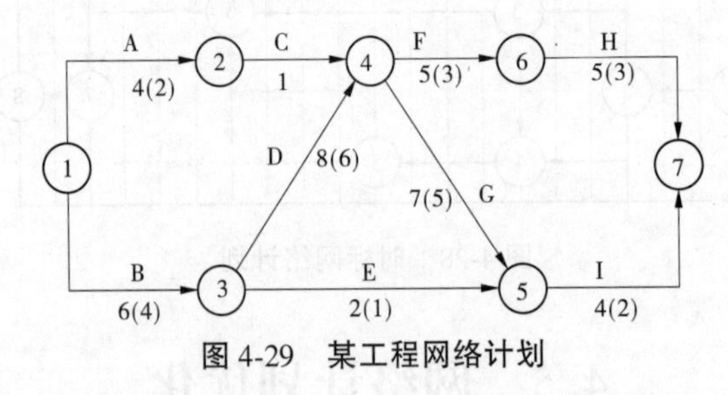

图 4-29　某工程网络计划

解:(1)找出网络计划的关键线路、关键工作,确定计算工期。

如图 4-30 所示。关键线路:①→③→④→⑤→⑦,$T=25$ d。

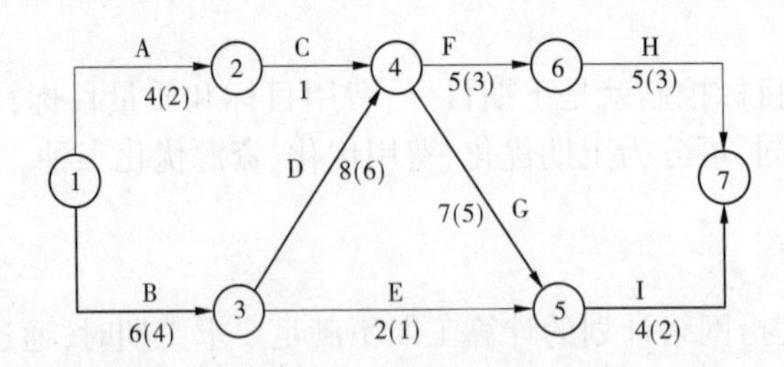

图 4-30　网络计划的关键线路、关键工作

(2)计算初始网络计划需缩短的时间 $t=25-20=5$(d)。

(3)确定各项工作可能压缩的时间。

①→③工作可压缩 2 d; ③→④工作可压缩 2 d;④→⑤工作可压缩 2 d;⑤→⑦工作可压缩 2 d。

(4)选择优先压缩的关键工作。

考虑优先压缩条件,首先选择⑤→⑦工作,因其备用资源充足,且缩短时间对质量无太大影响。⑤→⑦工作可压缩2 d,但压缩2 d后,①→③→④→⑥→⑦线路成为关键线路,⑤→⑦工作变成非关键工作。为保证压缩的有效性,⑤→⑦工作压缩1 d。此时关键工作有两条,工期为24 d,如图4-31所示。

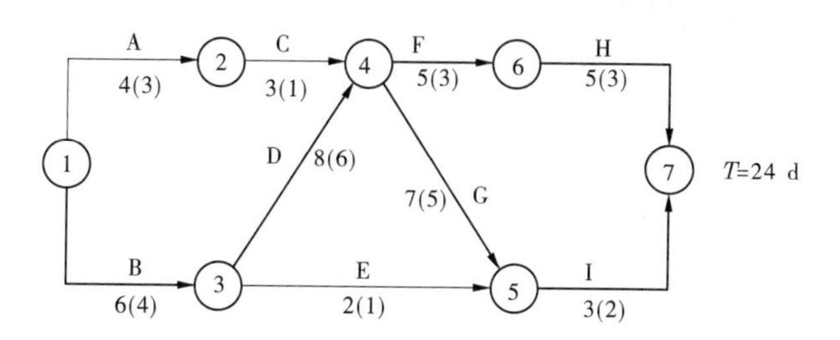

图4-31　优先压缩⑤→⑦工作

按要求工期尚需压缩4 d,根据压缩条件,选择①→③工作和③→④工作进行压缩。分别压缩至最短工作时间,如图4-32所示,关键线路仍为两条,工期为20 d,满足要求,优化完毕。

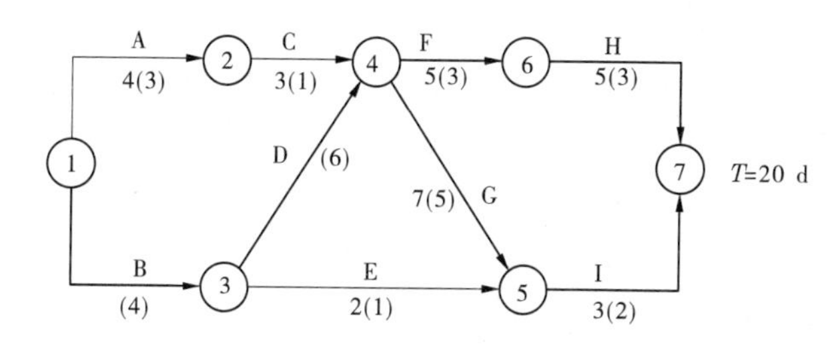

图4-32　工期优化后的网络图

4.5.2　费用优化

费用优化又称工期成本优化,是指寻求工程总成本最低时的工期安排或按要求工期寻求最低成本的计划安排过程。本书主要讨论总成本最低时的工期安排。

4.5.2.1　费用和工期的关系

安装工程费用主要由直接费用和间接费用组成。一般情况下,缩短工期会引起直接费用的增加和间接费用的减少,延长工期则会引起直接费用的减少和间接费的增加。

在考虑工程总费用时,应考虑工期变化带来的诸如拖延工期罚款或者提前竣工而得到的奖励等其他损益,以及提前投产而获得的收益和资金的时间价值。

为了计算方便,可以近似地将直接费用曲线假定为一条直线,把缩短单位时间所增加的直接费用称为直接费用率,即

$$\Delta C_{i-j} = \frac{CC_{i-j} - CN_{i-j}}{DN_{i-j} - DC_{i-j}} \tag{4-1}$$

式中　ΔC_{i-j}——i—j工作的直接费用率;

CC_{i-j}——i—j工作的最短持续时间的直接费用;

CN_{i-j}——i—j工作的正常持续时间的直接费用;

DN_{i-j}——i—j 工作的正常持续时间；

DC_{i-j}——i—j 工作的最短持续时间。

工期—费用的关系曲线如图 4-33 所示，图中总费用曲线上的最低点就是工程计划的最优方案，此方案工程成本最低，其相应的工期称为最优工期。在实际操作中，要达到这一点很困难，在这点附近一定范围内都可算作最优计划。

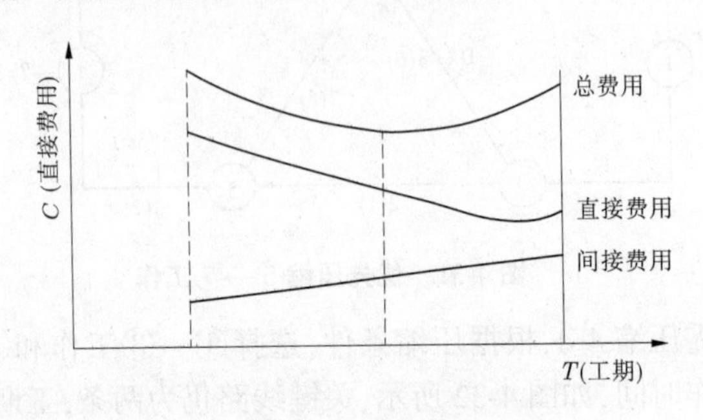

图 4-33　工期—费用的关系曲线

4.5.2.2　费用优化的步骤

费用优化的基本思路：不断地在网络计划中找出直接费用率（或组合直接费用率）最小的关键工作，缩短其持续时间，同时考虑间接费随工期缩短而减少的数值，最后求得工程总成本最低时的最优工期安排，或按要求工期求得最低成本的计划安排。

按照上述基本思路，费用优化可按以下步骤进行：

（1）按工作的正常持续时间确定计算工期和关键线路。

（2）计算各项工作的直接费用率。直接费用率的计算按式(4-1)进行。

（3）当只有一条关键线路时，应找出直接费用率最小的一项关键工作，作为缩短持续时间的对象；当有多条关键线路时，应找出组合直接费用率最小的一组关键工作，作为缩短持续时间的对象。

（4）对于选定的压缩对象（一项关键工作或一组关键工作），首先比较其直接费用率或组合直接费用率与工程间接费用率的大小：

①如果被压缩对象的直接费用率或组合直接费用率大于工程间接费用率，说明压缩关键工作的持续时间会使工程总费用增加，此时应停止缩短关键工作的持续时间，在此之前的方案即为优化方案。

②如果被压缩对象的直接费用率或组合直接费用率等于工程间接费用率，说明压缩关键工作的持续时间不会使工程总费用增加，故应缩短关键工作的持续时间。

③如果被压缩对象的直接费用率或组合直接费用率小于工程间接费用率，说明压缩关键工作的持续时间会使工程总费用减少，故应缩短关键工作的持续时间。

（5）当需要缩短关键工作的持续时间时，其缩短值的确定必须符合下列两条原则：

①缩短后工作持续时间不能小于其最短持续时间。

②缩短持续时间的工作不能变成非关键工作。

（6）计算关键工作持续时间缩短后相应增加的总费用。

（7）重复上述步骤（3）~（6），直至计算工期满足要求工期或被压缩对象的直接费用率或组合直接费用率大于工程间接费用率。

(8)计算优化后的工程总费用。

【例4-6】 已知某工程双代号网络计划如图4-34所示,图中箭线下方括号外数字为工作的正常时间,括号内数字为最短持续时间;箭线上方括号外数字为工作按正常持续时间完成时所需的直接费用,括号内数字为工作按最短持续时间完成时所需的直接费。该工程的间接费用率为0.8万元/d,试对其进行费用优化。

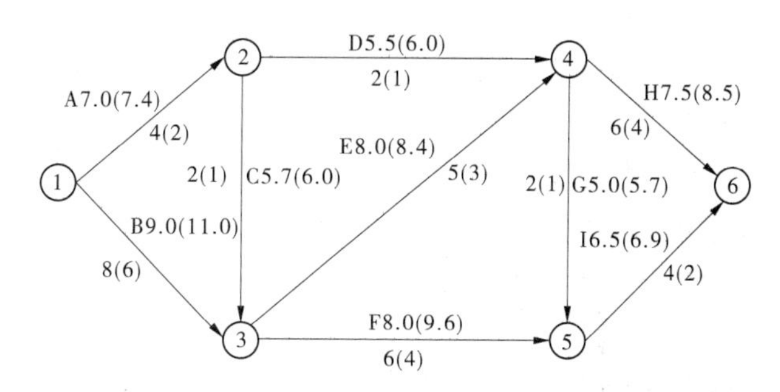

图4-34　初始网络计划　(单位:费用,万元;时间,d)

解:该网络计划的费用优化可按以下步骤进行:

(1)根据各项工作的正常持续时间,用标号法确定网络计划的计算工期和关键线路,如图4-35所示。计算工期为19 d,关键线路有两条,即①→③→④→⑥和①→③→④→⑤→⑥。

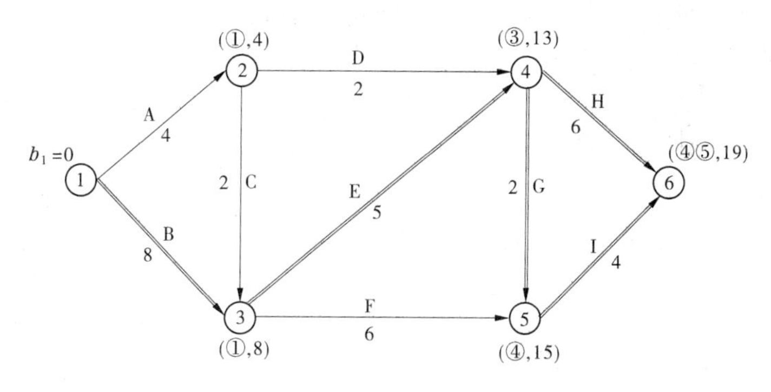

图4-35　初始网络计划中的关键线路

(2)计算各项工作的直接费用率:

$$\Delta C_{1-2}=\frac{CC_{1-2}-CN_{1-2}}{DN_{1-2}-DC_{1-2}}=\frac{7.4-7.0}{4-2}=0.2(\text{万元}/\text{d})$$

$$\Delta C_{1-3}=\frac{CC_{1-3}-CN_{1-3}}{DN_{1-3}-DC_{1-3}}=\frac{11.0-9.0}{8-6}=1.0(\text{万元}/\text{d})$$

$$\Delta C_{2-3}=\frac{CC_{2-3}-CN_{2-3}}{DN_{2-3}-DC_{2-3}}=\frac{6.0-5.7}{2-1}=0.3(\text{万元}/\text{d})$$

$$\Delta C_{2-4}=\frac{CC_{2-4}-CN_{2-4}}{DN_{2-4}-DC_{2-4}}=\frac{6.0-5.5}{2-1}=0.5(\text{万元}/\text{d})$$

$$\Delta C_{3-4}=\frac{CC_{3-4}-CN_{3-4}}{DN_{3-4}-DC_{3-4}}=\frac{8.4-8.0}{5-3}=0.2(\text{万元}/\text{d})$$

$$\Delta C_{3-5}=\frac{CC_{3-5}-CN_{3-5}}{DN_{3-5}-DC_{3-5}}=\frac{9.6-8.0}{6-4}=0.8(\text{万元}/\text{d})$$

$$\Delta C_{4-5}=\frac{CC_{4-5}-CN_{4-5}}{DN_{4-5}-DC_{4-5}}=\frac{5.7-5.0}{2-1}=0.7(\text{万元}/\text{d})$$

$$\Delta C_{4-6}=\frac{CC_{4-6}-CN_{4-6}}{DN_{4-6}-DC_{4-6}}=\frac{8.5-7.5}{6-4}=0.5(\text{万元}/\text{d})$$

$$\Delta C_{5-6}=\frac{CC_{5-6}-CN_{5-6}}{DN_{5-6}-DC_{5-6}}=\frac{6.9-6.5}{4-2}=0.2(\text{万元}/\text{d})$$

(3)计算工程总费用：

①直接费用总和：$C_d=7.0+9.0+5.7+5.5+8.0+8.0+5.0+7.5+6.5=62.2$(万元)；

②间接费用总和：$C_i=0.8\times19=15.2$(万元)；

③工程总费用：$C_t=C_d+C_i=62.2+15.2=77.4$(万元)。

(4)通过压缩关键工作的持续时间进行费用优化(优化过程见表4-3)。

①第一次压缩。

从图4-35可知，该网络计划中有两条关键线路，为了同时缩短两条关键线路的总持续时间，有以下四个压缩方案：

方案一，压缩工作B，直接费用率为1.0万元/d；

方案二，压缩工作E，直接费用率为0.2万元/d；

方案三，同时压缩工作G和工作H，组合直接费用率为：0.7+0.5=1.2(万元/d)；

方案四，同时压缩工作H和工作I，组合直接费用率为：0.5+0.2=0.7(万元/d)。

在上述压缩方案中，由于工作E的直接费用率最小，故应选择工作E作为压缩对象。工作E的直接费用率0.2万元/d，小于间接费用率0.8万元/d，说明压缩工作E可使工程总费用降低。将工作E的持续时间压缩至最短持续时间3天，利用标号法重新确定计算工期和关键线路，如图4-36所示。

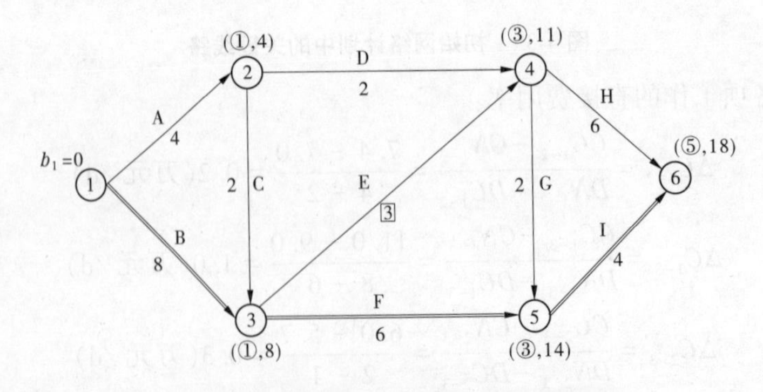

图4-36　工作E压缩至最短时的关键线路

此时，关键工作E被压缩成非关键工作，故将其持续时间延长为4 d，使其成为关键工作。第一次压缩后的网络计划如图 4-37 所示。图中箭线上方括号内数字为工作的直接费用率。

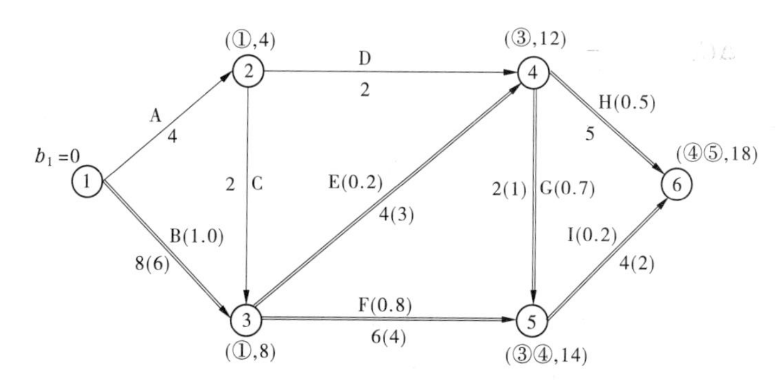

图 4-37　第一次压缩后的网络计划

②第二次压缩。

从图 4-37 可知,该网络计划中有三条关键线路,即①→③→④→⑥、①→③→④→⑤→⑥和①→③→⑤→⑥。

为了同时缩短三条关键线路的总持续时间,有以下五个压缩方案:

方案一,压缩工作 B,直接费用率为 1.0 万元/d;

方案二,同时压缩工作 E 和工作 F,组合直接费用率为:2+0.8=1.0(万元/d);

方案三,同时压缩工作 E 和工作 I,组合直接费用率为:2+0.2=0.4(万元/d);

方案四,同时压缩工作 F、工作 G 和工作 H,组合直接费用率为:8+0.7+0.5=2.0(万元/d);

方案五,同时压缩工作 H 和工作 I,组合直接费用率为:5+0.2=0.7(万元/d)。

在上述压缩方案中,由于工作 E 和工作 I 的组合直接费用率最小,故应选择工作 E 和工作 I 作为压缩对象。工作 E 和工作 I 的组合直接费用率 0.4 万元/d,小于间接费用率 0.8 万元/d,说明同时压缩工作 E 和工作 I 可使工程总费用降低。由于工作 E 的持续时间只能压缩 1 d,工作 I 的持续时间也只能随之压缩 1 d。工作 E 和工作 I 的持续时间同时压缩 1 d 后,利用标号法重新确定计算工期和关键线路。此时,关键线路由压缩前的三条变为两条,即①→③→④→⑥和①→③→⑤→⑥。原来的关键工作 G 未经压缩而被动地变成了非关键工作。第二次压缩后的网络计划如图 4-38 所示。此时,关键工作 E 的持续时间已达最短,不能再压缩,故其直接费用率变为无穷大。

③第三次压缩。

从图 4-38 可知,由于工作 E 不能再压缩,而为了同时缩短两条关键线路①→③→④→⑥和①→③→⑤→⑥的总持续时间,只有以下三个压缩方案:

方案一,压缩工作 B,直接费用率为 1.0 万元/d;

方案二,同时压缩工作 F 和工作 H,组合直接费用率为:0.8+0.5=1.3(万元/d);

方案三,同时压缩工作 H 和工作 I,组合直接费用率为:0.5+0.2=0.7(万元/d)。

上述压缩方案中,由于工作 H 和工作 I 的组合直接费用率最小,故应选择工作 H 和工作 I 作为压缩对象。工作 H 和工作 I 的组合直接费用率 0.7 万元/d,小于间接费用率

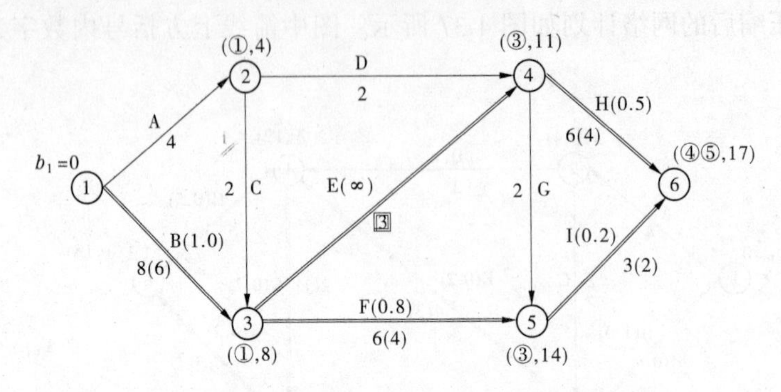

图 4-38　第二次压缩后的网络计划

0.8 万元/d,说明同时压缩工作 H 和工作 I 可使工程总费用降低。由于工作 I 的持续时间只能压缩 1 d,工作 H 的持续时间也只能随之压缩 1 d。工作 H 和工作 I 的持续时间同时压缩 1 d 后,利用标号法重新确定计算工期和关键线路。此时,关键线路仍然为两条,即①→③→④→⑥和①→③→⑤→⑥。第三次压缩后的网络计划如图 4-39 所示。此时,关键工作 I 的持续时间也已达最短,不能再压缩,故其直接费用率变为无穷大。

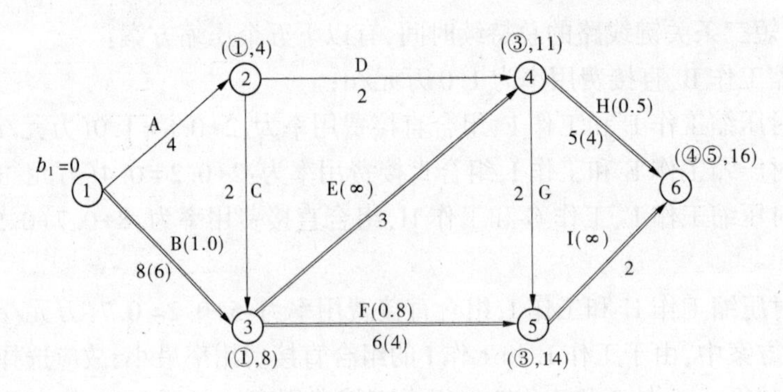

图 4-39　第三次压缩后的网络计划

④第四次压缩。

从图 4-39 可知,由于工作 E 和工作 I 不能再压缩,而为了同时缩短两条关键线路①→③→④→⑥和①→③→⑤→⑥的总持续时间,只有以下两个压缩方案:

方案一,压缩工作 B,直接费用率为 1.0 万元/d;

方案二,同时压缩工作 F 和工作 H,组合直接费用率为:0.8+0.5=1.3(万元/d)。

在上述压缩方案中,由于工作 B 的直接费用率最小,故应选择工作 B 作为压缩对象。但是,由于工作 B 的直接费用率 1.0 万元/d,大于间接费用率 0.8 万元/d,说明压缩工作 B 会使工程总费用增加。因此,不需要压缩工作 B,优化方案已得到,优化后的网络计划如图 4-40 所示。图中箭线上方括号内数字为工作的直接费用。优化表见表 4-3。

(5)计算优化后的工程总费用:

①直接费用总和:$C_{d0} = 7.0 + 9.0 + 5.7 + 5.5 + 8.4 + 8.0 + 5.0 + 8.0 + 6.9 = 63.5$(万元);

②间接费用总和:$C_{i0} = 0.8 \times 16 = 12.8$(万元);

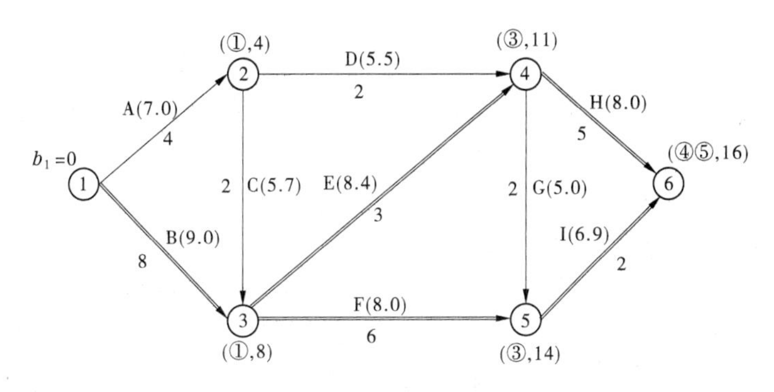

图 4-40　费用优化后的网络计划

③工程总费用：$C_{t0}=C_{d0}+C_{i0}=63.5+12.8=76.3$(万元)。

表 4-3　优化表

压缩次数	被压缩的工作代号	被压缩的工作名称	直接费用率或组合直接费用率(万元/d)	费率差(万元/d)	缩短时间(d)	费用增加值(万元)	总工期(d)	总费用(万元)
0	—	—	—	—	—	—	19	77.4
1	3—4	E	0.2	-0.6	1	-0.6	18	76.8
2	3—4 5—6	E、I	0.4	-0.4	1	-0.4	17	76.4
3	4—6 5—6	H、I	0.7	-0.1	1	-0.1	16	76.3
4	1—3	B	1.0	+0.2	—	—	—	—

注：费率差是指工作的直接费用率与工程间接费用率之差，它表示工期缩短单位时间时工程总费用增加的数值。

4.5.3　资源优化

资源是完成一项任务所投入的人力、材料、机械设备、资金等。完成一项工作所需要的资源基本上是不变的，所以资源优化是通过改变工作的开始时间和完成时间使资源均衡。一般情况下，网络计划的资源优化分为两种，即“资源有限—工期最短”的优化和“工期固定—资源均衡”的优化。

资源优化的前提条件是：①不改变网络计划中各工作之间的逻辑关系；②不改变各工作的持续时间；③一般不允许中断工作，除规定可中断的工作外。

4.5.3.1　“资源有限—工期最短”的优化

“资源有限—工期最短”的优化步骤如下：

(1)绘制早时标网络计划，并计算每个单位时间的资源需求量 R_t。

单位时间资源需求量等于平行的各个工作资源强度之和(各工作的单位时间资源需求量)。

(2)从计划开始之日起(从网络起点节点开始到网络终点节点),逐个检查每个时间段的资源需求量 R_t 是否超过所能供应的资源限量 R_a,如果出现资源需求量 R_t 超过资源限量 R_a 的情况,则要对资源冲突的诸工作做新的顺序安排,采用的方法是将一项工作排在另一项工作之后开始,选择的标准使工期延长最短。一般调整的次序为先调整时差大的、资源小的(在同一时间中调整工作的资源之和小的)工作。

4.5.3.2 "工期固定—资源均衡"的优化

"工期固定—资源均衡"的优化是指在保持工期不变的情况下,调整工程施工进度计划,使资源需求量尽可能均衡。这样有利于工程建设的组织与管理,降低工程施工费用。

"工期固定—资源均衡"的优化步骤如下:

(1)绘制时标网络计划并计算每天资源需求量。

(2)确定削峰目标,削峰值等于单位时间需求量的最大值减去一个需求单位。

(3)从网络终点节点开始向网络起始节点优化,逐一调整非关键工作(调整关键工作会影响工期),调整的次序为先迟后早,相同时调整时差大的工作;如再相同,则调整调整后资源接近于平均资源的工作。

(4)按式(4-2)确定工作是否调整:

$$R_t + r_{ij} - R_n \leqslant 0 \tag{4-2}$$

(5)绘制调整后的网络计划,并计算单位时间资源需求量。

(6)重复步骤(2)~(5),直至峰值不能再调整。

本章小结

熟悉网络计划的基本概念、分类及表示方法;掌握网络计划的绘制方法;掌握网络计划时间参数的概念、时间参数的计算、关键线路的确定方法和双代号时标网络计划的编制;了解网络计划优化的概念和方法。

思考题

1. 什么是网络图? 什么是网络计划?
2. 什么是双代号网络图和单代号网络图?
3. 组成双代号网络图的三要素是什么? 试述各要素的含义和特征。
4. 什么叫虚箭线? 它在双代号网络图中起什么作用?
5. 什么是逻辑关系? 网络计划有哪两种逻辑关系? 有何区别?
6. 试述各时差的含义和特点。
7. 什么叫线路、关键工作和关键线路?
8. 双代号时标网络计划有何特点?
9. 什么是网络计划优化?

习　题

1. 已知工作之间的逻辑关系如表 4-4~表 4-6 所示，试分别绘制双代号网络图和单代号网络图。

表 4-4　某工作逻辑关系(1)

工作	A	B	C	D	E	G	H
紧前工作	C、D	E、H	—	—	—	D、H	—

表 4-5　某工作逻辑关系(2)

工作	A	B	C	D	E	G
紧前工作	—	—	—	—	B、C、D	A、B、C

表 4-6　某工作逻辑关系(3)

工作	A	B	C	D	E	G	H	I	J
紧前工作	—	H、A	J、G	H、J、A	—	H、A	—	—	E

2. 某网络计划的有关资料如表 4-7 所示，试绘制双代号网络计划，并在图中标出各项工作的六个时间参数和关键线路。

表 4-7　某网络计划的资料(1)

工作	A	B	C	D	E	F	G	H	I	J	K
持续时间	22	10	13	8	15	17	15	6	11	12	20
紧前工作	—	—	B、E	A、C、H	—	B、E	E	F、G	F、G	A、C、I、H	F、G

3. 某网络计划的有关资料如表 4-8 所示，试绘制双代号时标网络计划，并判定各项工作的六个时间参数和关键线路。

表 4-8　某网络计划的有关资料(2)

工作	A	B	C	D	E	G	H	I	J	K
持续时间	2	3	5	2	3	3	2	3	6	2
紧前工作	—	A	A	B	B	D	G	E、G	C、E、G	H、I

4. 已知网络计划如图 4-41 所示，箭线下方括号外数字为工作的正常持续时间，括号内数字为工作的最短持续时间；箭线上方括号内数字为优选系数。要求工期为 12 d，试对其进行工期优化。

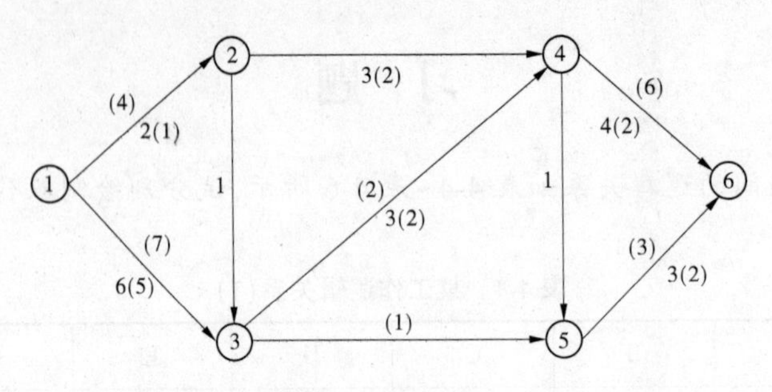

图 4-41　网络计划(1)

5. 已知网络计划如图 4-42 所示,箭线下方括号外数字为工作的正常持续时间,括号内数字为工作的最短持续时间;箭线上方括号外数字为正常持续时间时的直接费用,括号内数字为最短持续时间时的直接费用。费用单位为千元,时间单位为天(d)。如果工程间接费率为 0.8 千元/d,则最低工程费用时的工期为多少天?

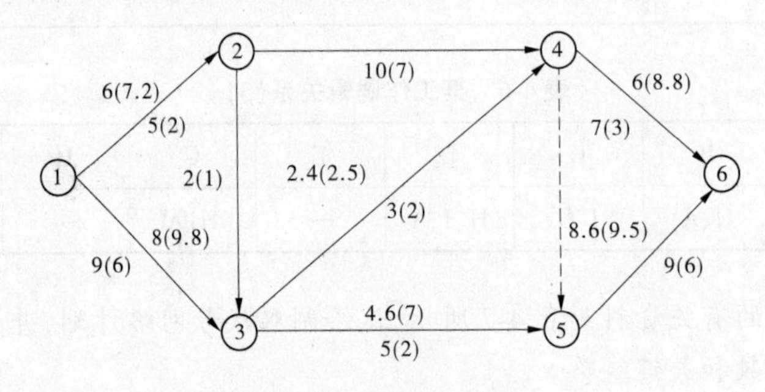

图 4-42　网络计划(2)

第 5 章　市政工程项目质量管理

案例引入：

某在建大桥发生坍塌事故，造成 64 人死亡，4 人重伤，18 人轻伤，直接经济损失 3 974.7 万元。由于施工单位、建设单位严重违反桥梁建设的法规标准，现场管理混乱、盲目赶工期，监理单位、质量监督部门严重失职，勘察设计单位服务和设计交底不到位，有关部门监管不力，致使大桥主拱圈砌筑材料未满足规范和设计要求，拱桥上部构造施工工序不合理，主拱圈砌筑质量差，降低了拱圈砌体的整体性和强度，随着拱上施工荷载的不断增加，造成 1 号孔主拱圈靠近 0 号桥台一侧 3~4 m 宽范围内，砌体强度达到破坏极限而坍塌，受连拱效应影响，整个大桥迅速坍塌。

5.1　市政工程项目质量管理概述

5.1.1　市政工程项目质量的概念

市政工程项目质量是指市政工程具有一定用途，既满足用户生产、生活所需功能和使用要求，又要符合国家有关法律法规、技术标准和工程合同的规定。它是通过国家现行的有关法律法规、技术标准、设计文件及工程合同中对工程的安全、使用、经济、美观等特性的综合要求来体现的。

5.1.2　市政工程项目质量的基本特征

市政工程项目从本质上说是一项拟建或在建的建筑产品，它和一般产品具有同样的质量内涵，即一组固有特性满足需要的程度。市政工程项目质量的一般特性可以归纳如下。

5.1.2.1　功能性

功能性主要表现为项目使用功能需求的一系列特性指标，如道路交通工程的路面等级、通行能力，市政排水管渠应保证排水通畅等。

5.1.2.2　安全可靠性

安全可靠性指工程在规定时间和规定条件下，完成规定功能能力的大小和程度，如构筑物结构自身安全可靠，满足强度、刚度和稳定性的要求，以及运行与使用安全等。可靠性质量必须在满足功能性质量需求的基础上，结合技术标准、规范的要求进行确定与实施。

5.1.2.3　经济合理性

经济合理的质量特性是指工程在使用年限内所需费用（包括建造成本和使用成本）

的大小。市政工程对经济性的要求,一是工程造价要低,二是使用维修费用要少。

5.1.2.4　文化艺术性

市政工程是城市的形象,其个性的艺术效果,包括建筑造型、立面外观、文化内涵,以及装修装饰、色彩视觉等,不仅使用者关注,而且社会也关注;不仅现在关注,而且未来的人们也会关注和评价。

5.1.2.5　与环境的协调性

与环境的协调性是指工程与其周围生态环境协调,与所在地区经济环境协调以及周围已建工程协调,以适应可持续发展的要求。

此外,工程建设活动是应业主的要求而进行的。因此,工程项目的质量除必须符合有关的规范、标准、法规的要求外,还必须满足工程合同条款的有关规定。

5.1.3　市政工程项目质量管理特点

5.1.3.1　影响因素多

影响市政工程质量的因素众多,不但包括地质、水文、气象和周边环境等自然条件因素,还包括勘察、设计、材料、机械、工艺方法、技术措施、组织管理制度等人为的技术管理因素。要保证工程项目质量,就要分析这些影响因素,以便有效控制工程质量。

5.1.3.2　控制难度大

因市政工程产品不像其他工业产品生产,有固定的车间和流水线,有规范化的生产工艺和完善的检测技术,有成套的生产设备和稳定的生产环境等。再加上市政工程本身所具有的固定性、复杂性、多样性和单件性等特点,决定了工程项目质量的波动性大,从而进一步增加了工程质量的控制难度。

5.1.3.3　重视过程控制

工程项目在施工过程中,工序衔接多、中间交接多、隐蔽工程多,施工质量存在一定的过程性和隐蔽性,并且上一道工序的质量往往会影响下一道工序的施工,而下一道工序的施工往往又掩盖了上一道工序的质量。因此,在质量控制过程中,必须重视过程控制,加强对施工过程的质量检查,及时发现和整改存在的质量问题,并及时做好检查、签证记录,为施工质量验收等提供必要的证据。

5.1.3.4　终检局限大

由于市政工程产品自身的特点,产品建成后不能像一般工业产品那样可以通过终检来判断产品的质量;工程项目的终检只能进行一些表面的检查,难以发现施工过程中被隐蔽了的质量缺陷,存在较大的局限性,即便发现了质量问题,整改难度大,整改的经济损失也很大,不能像工业产品那样可以拆卸或解体检查内在质量。

5.1.4　市政工程项目质量管理的原则

(1)坚持“质量第一”。工程质量是建筑产品使用价值的集中体现,用户最关心的就是工程质量的优劣,或者说用户的最大利益在于工程质量。在项目施工中必须树立“百年大计,质量第一”的思想。

(2)坚持以人为控制核心。人是质量的创造者,质量控制必须“以人为核心”,发挥人的积极性、创造性。

(3)坚持全面控制。

①全过程的质量控制。工程项目从签订承包合同一直到竣工验收结束,质量控制贯穿于整个施工过程。

②全员的质量控制。质量控制是依赖项目部全体人员共同的努力。所以,质量控制必须把项目所有人员的积极性和创造性充分调动起来,做到人人关心质量控制,人人做好质量控制工作。

(4)坚持质量标准、一切以数据衡量。质量标准是评价工程质量的尺度,数据是质量控制的基础。工程质量是否符合质量要求,必须通过严格检查,以数据为依据。

(5)坚持预防为主。预防为主,是指事先分析影响产品质量的各种因素,采取措施加以重点控制,使质量问题消灭在发生之前或萌芽状态,做到防患于未然。

5.1.5　市政工程项目质量保证体系

质量保证体系是为了保证某项产品或某项服务能满足给定的质量要求的体系,包括质量方针和目标,以及为实现目标所建立的组织结构系统、管理制度办法、实施计划方案和必要的物质条件组成的整体。在工程项目施工中,完善的质量保证体系是满足用户质量要求的保证。施工质量保证体系通过对那些影响施工质量的要素进行连续评价,对建筑、安装、检验等工作进行检查,并提供证据。

5.1.5.1　质量保证的概念

质量保证是指企业对用户在工程质量方面做出的担保,即企业向用户保证其承建的工程在规定的期限内能满足的设计和使用功能。它充分体现了企业和用户之间的关系,即保证满足用户的质量要求,对工程的使用质量负责到底。

5.1.5.2　质量保证的作用

质量保证的作用表现在对工程建设和建筑企业内部两个方面。

对工程建设,通过质量保证体系的正常运行,在确保工程建设质量和使用后服务质量的同时,为该工程设计、施工的全过程提供建设阶段有关专业系统的质量职能正常履行及质量效果评价的全部证据,并向建设单位表明,工程是遵循合同规定的质量保证计划完成的,质量是完全满足合同规定的要求的。

对建筑企业内部,通过质量保证活动,可有效地保证工程质量,或及时发现工程质量事故征兆,防止质量事故的发生,使施工工序处于正常状态之中,进而达到降低因质量问题产生的损失,提高企业的经济效益。

5.1.5.3　质量保证的内容

质量保证的内容贯穿于工程建设的全过程,按照市政工程形成的过程分类,主要包括:规划设计阶段质量保证,采购和施工准备阶段质量保证,施工阶段质量保证,使用阶段质量保证。按照专业系统不同分类,主要包括:设计质量保证,施工组织管理质量保证,物资、器材供应质量保证,安装质量保证,计量及检验质量保证,质量情报工作质量保证等。

5.1.5.4　质量保证的途径

质量保证的途径包括:在工程建设中以检查为手段的质量保证,以工序管理为手段的质量保证,以开发新技术、新工艺、新材料、新工程产品(简称"四新")为手段的质量保证。

(1)以检查为手段的质量保证。实质上是对照国家有关工程施工验收规范,对工程质量效果是否合格做出最终评价,也就是事后把关,但不能通过它对质量加以控制。因此,它不能从根本上保证工程质量,只不过是质量保证一般措施和工作内容之一。

(2)以工序管理为手段的质量保证。实质上是通过对工序能力的研究,充分管理设计、施工工序,使每个环节均处于严格的控制之中,以此保证最终的质量效果。但它仅是对设计、施工中的工序进行了控制,并没有对规划和使用阶段实行有关的质量控制。

(3)以"四新"为手段的质量保证。这是对工程从规划、设计、施工和使用的全过程实行的全面质量保证。这种质量保证克服了以上两种质量保证手段的不足,可以从根本上确保工程质量,这也是目前最高级的质量保证手段。

5.1.5.5 全面质量保证体系

全面质量保证体系是以保证和提高工程质量为目标,运用系统的概念和方法,把企业各部、各环节的质量管理职能和活动合理地组织起来,形成一个有明确任务、职责权限,又互相协作、互相促进的管理网络和有机整体,使质量管理制度化、标准化,从而生产出高质量的建筑产品。

5.1.6 市政工程质量管理体系

质量管理体系是指企业内部建立的、为保证产品质量或质量目标所必需的、系统的质量活动。质量管理体系根据企业特点选用若干体系要素加以组合,加强从设计研制、生产、检验到销售、使用全过程的质量管理活动,并予以制度化、标准化,已成为企业内部质量工作的要求和活动程序。

市政工程质量管理主要包括以下内容:

(1)规定控制的标准,即详细说明控制对象应达到的质量要求。

(2)确定具体的控制方法,例如工艺规程、控制用图表等。

(3)确定控制对象,例如一道工序、一个分项工程、一个安装过程等。

(4)明确所采用的检验方法,包括检验手段。

(5)进行工程实施过程中的各项检验。

(6)分析实测数据与标准之间产生差异的原因。

(7)解决差异所采取的措施和方法。

5.2 市政工程质量管理因素分析

工程项目建设过程,就是工程项目质量的形成过程,质量蕴藏于工程产品的形成之中。因此,分析影响工程项目质量的因素,采取有效措施控制质量影响因素,是工程项目施工过程中的一项重要工作。

5.2.1 工程项目建设阶段对质量形成的影响

5.2.1.1 决策对工程质量的影响

项目决策主要是指制定工程项目的质量目标及水平。同时应当指出,任何工程项目或产品,其质量目标的确定都是有条件的,脱离约束条件而制定的质量目标是没有实际意义的。对于工程建设项目来讲,质量目标和水平定得越高,其投资相应越大。在施工队伍不变时,施工速度也就越慢。所以,在制定工程项目的质量目标和水平时,应对投资目标、质量目标和进度目标三者进行综合平衡、优化,制定出既合理又使用户满意的质量目标和水平,以确保质量目标的实现。

5.2.1.2 设计对工程质量的影响

设计是通过工程设计使质量目标具体化,指出达到工程质量目标的途径和具体方法。设计质量往往决定工程项目的整体质量,因此设计阶段是影响工程项目质量的决定性环节。众多工程实践证明,没有高质量的设计,就没有高质量的工程。

5.2.1.3 施工对工程质量的影响

施工是将质量目标和质量计划付诸实施的过程。通过施工过程及相应的质量控制,将设计图纸变成工程实体。这一阶段是质量控制的关键时期,在施工过程中,由于施工工期长、多为露天作业、受自然条件影响大,影响质量的因素众多,因此施工阶段应引起施工参与各方的高度重视。

5.2.1.4 竣工验收对工程质量的影响

竣工验收是对工程项目质量目标的完成程度进行检验、评定和考核的过程。这是对工程项目质量严格把关的重要环节。不经过竣工验收,就无法保证整个项目的配套投产和工程质量;若在竣工验收中不认真对待,根本无法实现规定的质量目标;若不根据质量目标要求进行竣工验收,随意提高竣工验收标准,将造成不切合实际的过分要求,对工程质量也有负面影响。

5.2.1.5 运行保修对工程质量的影响

有些工程项目不只是竣工验收就可完成的,有的还有运行保修阶段,即对使用过程中存在的施工遗留问题及发现的新的质量问题,通过收集质量信息及整理、反馈采取必要的措施,进一步巩固和改进,最终保证工程项目的质量。

5.2.2 市政工程质量的影响因素

影响市政工程项目施工质量的因素主要有人的因素、材料因素、机械因素、方法因素和建筑环境因素。在施工过程中,如果能做到事前对这五方面因素严加控制,则可以最大程度地保证市政工程项目的质量。

5.2.2.1 人的因素对市政工程项目质量的影响

这里的人是指直接参与工程项目建设的组织者、管理者和操作者。人对工程质量的影响,实质上是指人的工作质量对工程质量的影响。人的工作质量是工程项目质量的一个重要组成部分,只有首先提高工作质量,才能保证工程质量,而工作质量的高低又取决于与工程建设有关的所有部门和人员。因此,每个工作岗位和每个人的工作都直接或间接地影响着工程项目的质量。提高工作质量的关键,在于控制人的素质。

5.2.2.2 材料因素对市政工程项目质量的影响

材料是指在工程项目建设中所使用的原材料、半成品、成品、构配件和生产用的机电设备等。材料质量是形成工程实体质量的基础,使用的材料质量不合格,工程质量也肯定不能符合标准要求。加强材料的质量控制,是保证和提高工程质量的重要保障,是控制工程质量的有效措施。

为加强对材料质量的控制,未经监理工程师检验认可的材料,以及没有出厂质量合格证的材料,均不得在施工中使用。工程设备在安装前,必须根据有关的标准、规范和合同条款加以检验,征得监理工程师认可后,方能进行安装。

5.2.2.3 机械因素对市政工程项目质量的影响

机械是指工程施工机械设备和检测施工质量所用的仪器设备。施工机械是实现工业化、加快施工进度的重要物质条件,是现代机械化施工中不可缺少的设施,它对工程质量有着直接影响。所以,在施工机械设备选型及性能参数确定时,都应考虑到它对保证工程质量的影响,特别要注意考虑它经济上的合理性、技术上的先进性和使用操作及维护上的方便。

对机械设备的控制,主要包括:要根据不同工艺特点和技术要求,选用合适的机械设备;正确使用、管理和保管好机械设备;建立健全"人机固定"制度、"操作证"上岗制度、岗位责任制度、交接班制度、"技术保养"制度、"安全使用"制度、机械检查制度等,确保机械设备处于最佳使用状态。

5.2.2.4 方法因素对市政工程项目质量的影响

这里的"方法"是指对施工技术方案、施工工艺、施工组织设计、施工技术措施等的综合。施工方案的合理性、施工工艺的先进性、施工设计的科学性、技术措施的适用性,对工程质量均有重要影响。在施工工程实践中,往往由于施工方案考虑不周和施工工艺落后而拖延工程进度,影响工程质量,增加工程投资。从某种程度上说,技术工艺水平的高低决定了施工质量的优劣。此外,在制订施工方案和施工工艺时,必须结合工程的实际,从技术、组织、管理、措施、经济等方面进行全面分析及综合考虑,确保施工方案技术上可行、经济上合理,且有利于提高工程质量。

5.2.2.5 环境对工程质量的影响

环境的因素主要包括施工现场自然环境因素、施工质量管理环境因素和施工作业环境因素。环境因素对工程质量的影响,具有复杂多变和不确定性的特点,因此应结合工程特点和具体条件,及时采取有效措施严加控制环境对工程的不良影响。

1. 施工现场自然环境因素

施工现场自然环境因素包括工程地质、水文、气象条件和周边建筑、地下障碍物及其他不可抗力等对施工质量的影响因素。例如,在地下水位高的地区,若在雨季进行基坑开挖,遇到连续降雨或排水困难,就会引起基坑塌方或地基受水浸泡影响承载力等;在寒冷地区冬期施工措施不当,工程会因受到冻融而影响质量。

2. 施工质量管理环境因素

施工质量管理环境因素主要指施工单位质量管理体系、质量管理制度和各参建施工单位之间的协调等因素。根据承发包的合同结构,理顺管理关系,建立统一的现场施工组织系统和质量管理的综合运行机制,确保工程项目质量保证体系处于良好的状态。创造良好的质量管理环境和氛围,是施工顺利进行、提高施工质量的保证。

3. 施工作业环境因素

施工作业环境因素主要指施工现场平面和空间环境条件,各种能源介质供应,施工照明、通风、安全防护设施,施工场地给水排水,以及交通运输和道路条件等因素。这些条件是否良好,直接影响到施工能否顺利进行,以及施工质量能否得到保证。

对影响施工质量的上述因素进行控制,是施工质量控制的主要内容。

5.3 市政工程质量管理的内容和方法

市政工程质量控制,不仅包括施工总承包、分包单位,综合的和专业的施工质量控制;还包括建设单位、设计单位、监理单位以及政府质量监督机构在施工阶段对项目施工质量所实施的监督管理和控制职能。因此,市政工程质量控制应明确项目施工阶段质量控制的目标、依据与基本环节,以及施工质量计划的编制和施工生产要素、施工准备工作和施工作业过程的质量控制方法。

5.3.1 施工质量管理的依据

5.3.1.1 共同性依据

共同性依据指适用于施工阶段,且与质量管理有关的通用的、具有普遍指导意义的和必须遵守的基本条件。主要包括:工程建设合同,设计文件、设计交底及图纸会审记录、设计修改和技术变更等;国家和政府有关部门颁布的与质量管理有关的法律和法规性文件,如《中华人民共和国建筑法》《中华人民共和国招标投标法》和《建设工程质量管理条例》等。

5.3.1.2 专门技术法规性依据

专门技术法规性依据指针对不同的行业、不同质量控制对象制定的专门技术法规性文件。包括规范、规程、标准、规定等,例如:工程建设项目质量检验评定标准,有关材料、半成品和构配件的质量方面的专门技术法规性文件,有关材料验收、包装和标志等方面的技术标准和规定,施工工艺质量等方面的技术法规性文件,有关新工艺、新技术、新材料、新设备的质量规定和鉴定意见等。

5.3.2 施工质量管理的内容

5.3.2.1 方法的控制

这里所指的方法控制,包含工程项目整个建设周期内所采取的技术方案、工艺流程、组织措施、检测手段、施工组织设计等的控制。

施工方案正确与否,是直接影响工程质量控制能否顺利实现的关键。由于施工方案考虑不周而拖延进度、影响质量、增加投资,为此在制订和审核施工方案时,应结合工程实际,从技术、组织、管理、工艺、操作、经济等方面进行全面分析综合考虑。力求方案技术可行、经济合理、工艺先进、措施得力、操作方便，有利于提高质量、加快进度、降低成本。

5.3.2.2　施工机械设备选用的质量控制

在项目施工阶段，必须综合考虑施工现场条件、结构形式、机械设备性能、施工工艺和方法、施工组织与管理、技术经济等各种因素进行机械化施工方案的制订和评审，使之与装备配套使用，充分发挥建筑机械的效能，力求获得较好的经济效益。从保证项目施工质量角度出发，应从机械设备的选型、机械设备的主要性能参数和机械设备的使用、操作要求等三方面予以控制。

(1)机械设备的选型。应本着因地制宜，按照技术先进、经济合理、生产适用、性能可靠、使用安全、操作方便和维修方便等原则，执行机械化、半机械化与改良工具相结合的方针，突出机械与施工相结合的特色。

(2)机械设备的使用、操作要求。贯彻"人机固定"的原则，实行定机、定人、定岗位责任的"三定"制度。操作人员必须认真执行各项规章制度，严格遵守操作规程，防止出现安全质量事故。

(3)环境因素的控制。

影响工程项目质量的环境因素较多，有工程技术环境，如工程地质、水文、气象等；工程管理环境，如质量保证体系、质量管理制度等；劳动环境，如劳动组合、劳动工具、工作面等。环境因素对工程质量的影响，具有复杂而多变的特点，如气象条件就变化万千，温度、湿度、大风、暴雨、酷暑、严寒都直接影响工程质量，前一工序就是后一工序的环境。因此，根据工程特点和具体条件，应对影响质量的环境因素，采取有效的措施严加控制。

在冬期、雨季、风季、炎热季节施工中，还应针对工程的特点，尤其是混凝土工程、土方工程、深基础工程、水下工程及高空作业等，必须拟订季节性施工措施，以免工程质量受到冻害、干裂、冲刷、坍塌的危害。

5.3.3　市政工程质量管理的基本环节

市政工程质量控制应坚持全面、全过程质量管理的原则，进行事前质量控制、事中质量控制和事后质量控制的动态控制方法。

5.3.3.1　事前质量控制

事前质量控制也就是在工程正式开工前进行事前主动质量控制。主要是编制施工质量计划，明确质量目标，制订施工方案，设置质量控制点，落实质量责任，分析可能导致质量目标偏离的各种影响因素，针对这些影响因素制订切实可行的预防措施，防患于未然。

5.3.3.2　事中质量控制

事中质量控制是在施工质量形成过程中，对影响施工质量的各种因素进行全面的动态控制。事中质量控制首先是对质量活动的行为约束，其次是对质量活动过程和结果的监督控制。事中质量控制的关键是坚持质量标准，控制的重点是对工序质量、工作质量和质量控制点的控制。

5.3.3.3　事后质量控制

为保证不合格的工序或最终产品不流入下一道工序、不进入市场，需对工程质量进行事后质量控制。事后质量控制包括对质量活动结果的评价、认定和对质量偏差的纠正。

控制的重点是发现施工质量方面的缺陷,并通过分析提出施工质量改进的措施,保持质量处于受控状态。

以上环节并不是互相孤立和截然分开的,而是共同构成有机的系统过程,它本质上是质量管理PDCA循环的具体化,在每一次滚动循环中不断提高,以达到质量管理和质量控制持续改进的目的。

5.3.4　施工质量控制的一般方法

5.3.4.1　质量文件审核

审核有关技术文件、报告或报表,是对工程质量进行全面管理的重要手段。这些文件包括:

(1)施工单位的技术资质证明文件和质量保证体系文件。

(2)施工组织设计和施工方案及技术措施。

(3)有关材料和半成品及构配件的质量检验报告。

(4)有关应用新技术、新工艺、新材料的现场试验报告和鉴定报告。

(5)反映工序质量动态的统计资料或控制图表。

(6)设计变更和图纸修改文件。

(7)有关工程质量事故的处理方案。

5.3.4.2　现场质量检查

(1)现场质量检查的内容包括:

①开工前的检查:主要检查是否具备开工条件,开工后是否能够保持连续正常施工,能否保证工程质量。

②工序交接检查:对于重要的工序或对工程质量有重大影响的工序,应严格执行"三检"制度,即自检、互检、专检。未经监理工程师(或建设单位技术负责人)检查认可,不得进行下一道工序施工。

③隐蔽工程的检查:施工中凡是隐蔽工程,必须检查认证后方可进行隐蔽掩盖。

④停工后复工的检查:因客观因素停工或处理质量事故等停工复工时,经检查认可后方能复工。

⑤分项、分部工程完工后的检查:分项、分部工程完工后应经检查认可,并签署验收记录后,才能进行下一工程项目的施工。

⑥成品保护的检查:检查成品有无保护措施以及保护措施是否有效可靠。

(2)现场质量检查的方法主要有目测法、实测法和试验法等。

①目测法:即凭借感官进行检查,也称观感质量检验。其手段可概括为"看、摸、敲、照"四个字。看,就是根据质量标准要求进行外观检查,例如,混凝土外观是否符合要求等。摸,就是通过触摸手感进行检查、鉴别,例如油漆的光滑度,浆活是否牢固、不掉粉等。敲,就是运用敲击工具进行音感检查,例如,对地面工程、装饰工程中的水磨石、面砖、石材饰面等,均应进行敲击检查;照,就是通过人工光源或反射光照射,检查难以看到或光线较暗的部位,例如,管道井、电梯井等内的管线及设备安装质量等。

②实测法:就是通过实测,将实测数据与施工规范、质量标准的要求及允许偏差值进

行对照,以此判断质量是否符合要求。其手段可概括为“靠、量、吊、套”四个字。靠,就是用直尺、塞尺检查地面及路面等的平整度;量,就是指用测量工具和计量仪表等检查断面尺寸、轴线、标高、湿度、温度等的偏差,例如,大理石板拼缝尺寸与偏差数量、摊铺沥青拌和料的温度,混凝土坍落度的检测等;吊,就是利用托线板以及线锤吊线检查垂直度,例如,砌体的垂直度检查等;套,是以方尺套方,辅以塞尺检查,例如,对阴阳角的方正、踢脚线的垂直度检查等。

③试验法:是指通过必要的试验手段对质量进行判断的检查方法。主要包括:

理化试验:工程中常用的理化试验包括物理力学性能方面的检验和化学成分及其含量的测定等两个方面。物理力学性能方面的检验包括抗拉强度、抗压强度、抗弯强度、抗折强度、冲击韧性、硬度、承载力等,以及各种物理性能方面的测定,如密度、含水量、凝结时间、安定性及抗渗、耐磨、耐热性能等。化学成分及化学性质的测定,如钢筋中的磷、硫含量,混凝土中粗骨料中的活性氧化硅成分,以及耐酸、耐碱、抗腐蚀性等。此外,根据规定有时还需进行现场试验,例如,对桩或地基的静载试验、下水管道的通水试验、压力管道的耐压试验等。

无损检测:利用专门的仪器仪表从表面探测结构物、材料、设备的内部组织结构或损伤情况。常用的无损检测方法有超声波探伤、射线探伤等。

5.4　市政工程质量事故的预防与处理

5.4.1　市政工程质量事故的分类

市政工程质量事故的分类有多种方法,见表5-1。

表5-1　市政工程质量事故的分类

分类方法	事故类别	内容及说明
按事故造成损失的程度分类	特别重大事故	造成30人以上死亡,或者100人以上重伤,或者1亿元以上直接经济损失的事故
	重大事故	造成10人以上30人以下死亡,或者50人以上100人以下重伤,或者5 000万元以上1亿元以下直接经济损失的事故
	较大事故	造成3人以上10人以下死亡,或者10人以上50人以下重伤,或者1 000万元以上5 000万元以下直接经济损失的事故
	一般事故	造成3人以下死亡,或者10人以下重伤,或者100万元以上1 000万元以下直接经济损失的事故

续表 5-1

分类方法	事故类别	内容及说明
按事故责任分类	指导责任事故	工程指导或领导失误而造成的质量事故
	操作责任事故	在施工过程中,由于操作者不按规程和标准实施操作而造成的质量事故
	自然灾害事故	突发的严重自然灾害等不可抗力造成的质量事故
按质量事故产生的原因分类	技术原因引发的质量事故	在工程项目实施中由于设计、施工在技术上的失误而造成的质量事故
	管理原因引发的质量事故	管理上的不完善或失误引发的质量事故
	社会、经济原因引发的质量事故	经济因素及社会上存在的弊端和不正之风导致建设中的错误行为,而发生的质量事故
	其他原因引发的质量事故	人为事故(如设备事故、安全事故等)或严重的自然灾害等不可抗力的原因,导致连带发生的质量事故

5.4.2　市政工程质量事故产生的原因

市政工程质量事故的预防可以从分析产生质量事故的原因入手。质量事故发生的原因详见表5-2。

表 5-2　市政工程质量事故产生原因分析

事故原因	内容及说明
非法承包,偷工减料	社会腐败现象对施工领域的侵袭,非法承包,偷工减料"豆腐渣"工程,成为近年重大施工质量事故的首要原因
违背基本建设程序	(1)无立项、无报建、无开工许可、无招标投标、无资质、无监理、无验收的"七无"工程; (2)边勘察、边设计、边施工的"三边"工程
勘察设计的失误	勘察报告不准确,致使地基基础设计采用不正确的方案;结构设计方案不正确,计算失误,构造设计不符合规范要求等
施工的失误	施工管理人员及实际操作人员的思想、技术素质差;缺乏业务知识,不具备技术资质,瞎指挥,施工盲干;施工管理混乱,施工组织、施工技术措施不当;不按图施工,不遵守相关规范,违章作业;使用不合格的工程材料、半成品、构配件;忽视安全施工,发生安全事故等
自然条件的影响	市政施工露天作业多,恶劣的天气或其他不可抗力都可能引发施工质量事故

5.4.3　市政工程质量事故的预防

找出了市政工程事故发生的原因,便可“对症下药”,采取行之有效的预防市政工程质量事故的对策。

(1)增强质量意识。

无论是工程建设单位,还是工程设计、施工单位,其负责人首先树立“质量第一,预防为主,综合治理”的观念,并对职工定期进行质量意识教育,使单位呈现出人人讲质量、时时处处讲质量的氛围。

(2)建立健全工程质量事故惩处法规。

进一步健全工程质量事故惩处法规,以充分发挥法规对忽视工程质量者尤其明知故犯者的震慑力。

(3)加强工程设计审查。

对于工程设计,应根据工程重要性采取多重审查制度。审查重点是从概念设计角度对该工程结构体系选型及构造设计的合理性做出评价,判断结构构件是否安全或过于保守(抓两极端情况),以及是否有违反设计规范或无依据地突破规范的情况等。

(4)重视工程施工组织设计审查。

任何一项市政工程均由许多单体建筑组成,因此对一项市政工程施工组织设计的审查就是要对各单体建筑的施工组织设计进行审查。因此,审查的重点应放在各单体建筑的关键部位、关键工序的施工组织设计上。

(5)加强施工现场监督。

无论是大型工程还是小型工程,施工中都应设置施工现场质量检查员。实践证明,有无质检员,质检员是否称职,关系到能否保证工程质量。因此,所指派的质检员应具有较高的思想觉悟、工作责任心、原则性和建筑专业知识。

(6)切实搞好工程验收。

一是应根据工程的规模及重要性组成相应层次的工程验收小组,验收小组成员应是原则性强的行业专家;二是验收过程中要坚决抵制外界的干扰;三是验收结论做出后应不折不扣地执行。只有这样,才能查出市政工程存在的质量问题,确保工程质量。

5.4.4　市政工程质量事故处理

5.4.4.1　市政工程质量事故处理的原则及程序

《中华人民共和国建筑法》明确规定:任何单位和个人对市政工程质量事故、质量缺陷都有权向建设行政主管部门或者其他有关部门进行检举、控告、投诉。

重大质量事故发生后,事故发生单位必须以最快的方式,向上级建设行政主管部门和事故发生地的市、县级建设行政主管部门及检察、劳动部门报告,且以最快的速度采取有效措施抢救人员和财产,严格保护事故现场,防止事故扩大,24 h之内写出书面报告,逐级上报。重大事故的调查由事故发生地的市、县级以上建设行政主管部门或国务院有关主管部门组成调查小组负责进行。

重大事故处理完毕后,事故发生单位应尽快写出详细的事故处理报告,并逐级上报。

特别重大事故的处理程序应按国务院发布的《特别重大事故调查程序暂行规定》及有关要求进行。

质量事故处理的一般工作程序如下:事故调查→事故原因分析→结构可靠性鉴定→事故调查报告→事故处理设计→施工方案确定→施工→检查验收→结论。若处理后仍不合格,需要重新进行事故处理设计及施工直至合格。有些质量事故在进行事故前需要先采取临时防护措施,以防事故扩大。

5.4.4.2 市政工程质量事故处理的依据

工程质量事故处理的依据主要有四个方面:质量事故的实况资料;具有法律效力的,得到当事各方认可的工程承包合同、设计委托合同、材料或设备购销合同;监理合同或分包合同等合同文件;有关的技术文件、档案和相关的建设法规。

1. 质量事故的实况资料

质量事故的实况资料主要来自以下几个方面:

(1)施工单位的质量事故调查报告。

质量事故发生后,施工单位有责任就所发生的质量事故进行周密的调查、研究,掌握情况,并在此基础上写出调查报告,提交监理工程师和业主。在调查报告中就质量事故有关的实际情况做详尽的说明,其内容应包括:

①质量事故发生的时间、地点;

②质量事故状况的描述;

③质量事故发展变化的情况;

④有关质量事故的观测记录、事故现场状态的照片或录像。

(2)监理单位调查研究所获得的第一手资料。

其内容大致与施工单位调查报告中有关内容相似,可用来与施工单位所提供的情况对照、核实。

2. 有关合同及合同文件

(1)所涉及的合同文件可以是工程承包合同、设计委托合同、设备与器材购销合同、监理合同等。

(2)有关合同和合同文件在处理质量事故中的作用是:确定在施工过程中有关各方是否按照合同有关条款实施其活动,借以探寻产生事故的原因。

3. 有关的技术文件和档案

(1)有关的设计文件。

如施工图纸和技术说明等,是施工的重要依据。在处理质量事故中,一方面可以对照设计文件,核查施工质量是否符合设计的规定和要求;另一方面可以根据所发生的质量事故情况,核查设计中是否存在问题或缺陷,成为导致质量事故的一方面原因。

(2)与施工有关的技术文件、档案和资料。

①施工组织设计或施工方案、施工计划;

②施工记录、施工日志等;

③有关建筑材料的质量证明资料;

④现场制备材料的质量证明资料。

(3)质量事故发生后,对事故状况的观测记录、试验记录或试验报告等。

(4)其他有关资料。

上述各类技术资料对于分析质量事故原因、判断其发展变化趋势、推断事故影响及严重程度、考虑处理措施等都是不可缺少的,起着重要的作用。

本章小结

本章主要介绍了市政工程质量控制特点、原则,并根据工程建设阶段分别分析了对质量形成的影响,归纳了质量的影响因素;介绍了施工质量控制的依据、内容、控制环节及一般方法;介绍了市政工程质量事故的分类、质量事故产生原因、质量事故的预防及处理。

思考题

1. 什么是工程质量?
2. 工程质量的特性有哪些?其内涵如何?
3. 试述工程建设各阶段对质量形成的影响。
4. 试述影响工程质量的因素。
5. 试述工程质量的特点。
6. 什么是质量控制?其含义如何?
7. 什么是工程质量控制?简述工程质量控制的内容。
8. 什么是工程质量责任体系?
9. 施工质量控制的依据主要有哪些方面?
10. 如何区分工程质量不合格、工程质量问题和质量事故?
11. 常见的工程质量问题发生的原因主要有哪些方面?
12. 试述工程质量问题处理的程序。
13. 简述工程质量事故的特点、分类和处理的权限范围。

第 6 章　市政工程成本管理

案例引入：

某市政工程的总投资是 3 200 万元，如何进行成本控制？成本控制的内容有哪些？如何判定施工的成本偏差和进度偏差？

6.1　市政工程施工项目成本管理概述

6.1.1　施工项目成本的概念及构成

施工项目成本是指在市政工程项目的实施过程中所发生的全部生产费用的总和，包括消耗的原材料、辅助材料、构配件等的费用，周转材料的摊销费或租赁费等，施工机械的使用费或租赁费等，支付给生产工人的工资、奖金、工资性质的津贴等，以及进行施工组织与管理所发生的全部费用支出。

市政工程施工项目成本由直接成本和间接成本组成。

（1）直接成本：指施工过程中耗费的构成工程实体或有助于工程实体形成的各项费用支出，是可以直接计入工程对象的费用。

（2）间接成本：指项目经理部为施工准备、组织和管理施工生产的全部费用的支出，是非直接用于也无法直接计入工程对象，但为进行工程施工所必须发生的费用。具体包括管理人员薪酬、劳动保护费、固定资产折旧费及修理费、物料消耗、办公费、差旅费、财产保险费、工程保修费、工程排污费等。

6.1.2　按费用构成要素划分的工程费用项目组成

工程费按照费用构成要素划分，由人工费、材料费（包含工程设备，下同）、施工机具使用费、企业管理费、利润、规费和税金组成。其中，人工费、材料费、施工机具使用费、企业管理费和利润包含在分部分项工程费、措施项目费、其他项目费中。

6.1.2.1　人工费

人工费是指按工资总额构成规定，支付给从事建筑安装工程施工的生产工人和附属生产单位工人的各项费用。内容包括：

（1）计时工资或计件工资：指按计时工资标准和工作时间或对已做工作按计件单价支付给个人的劳动报酬。

（2）奖金：指对超额劳动和增收节支支付给个人的劳动报酬，如节约奖、劳动竞赛奖等。

（3）津贴补贴：指为了补偿职工特殊或额外的劳动消耗和因其他特殊原因支付给个

人的津贴，以及为了保证职工工资水平不受物价影响支付给个人的物价补贴。如流动施工津贴、特殊地区施工津贴、高温(寒)作业临时津贴、高空津贴等。

(4)加班加点工资：指按规定支付的在法定节假日工作的加班工资和在法定日工作时间外延时工作的加点工资。

(5)特殊情况下支付的工资：指根据国家法律法规和政策规定，因病、工伤、产假、计划生育假、婚丧假、事假、探亲假、定期休假、停工学习、执行国家或社会义务等按计时工资标准或计时工资标准的一定比例支付的工资。

6.1.2.2 材料费

材料费是指施工过程中耗费的原材料、辅助材料、构配件、零件、半成品或成品、工程设备的费用。内容包括：

(1)材料原价：指材料、工程设备的出厂价格或商家供应价格。

(2)运杂费：指材料、工程设备自来源地运至工地仓库或指定堆放地点所发生的全部费用。

(3)运输损耗费：指材料在运输装卸过程中不可避免的损耗。

(4)采购及保管费：指为组织采购、供应和保管材料、工程设备的过程中所需要的各项费用。包括采购费、仓储费、工地保管费、仓储损耗。

工程设备是指构成或计划构成永久工程一部分的机电设备、金属结构设备、仪器装置及其他类似的设备和装置。

6.1.2.3 施工机具使用费

施工机具使用费是指施工作业所发生的施工机械使用费、仪器仪表使用费或其租赁费。

1. 施工机械使用费

施工机械使用费以施工机械台班耗用量乘以施工机械台班单价表示。施工机械台班单价应由下列七项费用组成：

(1)折旧费：指施工机械在规定的使用年限内，陆续收回其原值的费用。

(2)大修理费：指施工机械按规定的大修理间隔台班进行必要的大修理，以恢复其正常功能所需的费用。

(3)经常修理费：指施工机械除大修理外的各级保养和临时故障排除所需的费用。包括为保障机械正常运转所需替换设备与随机配备工具附具的摊销和维护费用、机械运转中日常保养所需润滑与擦拭的材料费用及机械停滞期间的维护和保养费用等。

(4)安拆费及场外运费：安拆费指施工机械(大型机械除外)在现场进行安装与拆卸所需的人工、材料、机械和试运转费用，以及机械辅助设施的折旧、搭设、拆除等费用；场外运费指施工机械整体或分体自停放地点运至施工现场或由一施工地点运至另一施工地点的运输、装卸、辅助材料及架线等费用。

(5)人工费：指机上司机(司炉)和其他操作人员的人工费。

(6)燃料动力费：指施工机械在运转作业中所消耗的各种燃料及水、电等。

(7)税费：指施工机械按照国家规定应缴纳的车船使用税、保险费及年检费等。

2.仪器仪表使用费

仪器仪表使用费指工程施工所需使用的仪器仪表的摊销及维修费用。

6.1.2.4　企业管理费

企业管理费是指建筑安装企业组织施工生产和经营管理所需的费用。内容包括：

(1)管理人员工资：指按规定支付给管理人员的计时工资、奖金、津贴补贴、加班加点工资及特殊情况下支付的工资等。

(2)办公费：指企业管理办公用的文具、纸张、账表、印刷、邮电、书报、办公软件、现场监控、会议、水电、烧水和集体取暖降温(包括现场临时宿舍取暖降温)等费用。

(3)差旅交通费：是指职工因公出差、调动工作的差旅费、住勤补助费，市内交通费和误餐补助费，职工探亲路费，劳动力招募费，职工退休、退职一次性路费，工伤人员就医路费，工地转移费以及管理部门使用的交通工具的油料、燃料等费用。

(4)固定资产使用费：指管理和试验部门及附属生产单位使用的属于固定资产的房屋、设备、仪器等的折旧、大修、维修或租赁费。

(5)工具用具使用费：指企业施工生产和管理使用的不属于固定资产的工具、器具、家具、交通工具和检验、试验、测绘、消防用具等的购置、维修和摊销费。

(6)劳动保险和职工福利费：指由企业支付的职工退职金、按规定支付给离休干部的经费，集体福利费、夏季防暑降温补贴、冬季取暖补贴、上下班交通补贴等。

(7)劳动保护费：是企业按规定发放的劳动保护用品的支出。如工作服、手套、防暑降温饮料，以及在有碍身体健康的环境中施工的保健费用等。

(8)检验试验费：指施工企业按照有关标准规定，对工程以及材料、构件和建筑安装物进行一般鉴定、检查所发生的费用，包括自设试验室进行试验所耗用的材料等费用。不包括新结构、新材料的试验费，对构件做破坏性试验及其他特殊要求检验试验的费用和建设单位委托检测机构进行检测的费用，对此类检测发生的费用，由建设单位在工程建设其他费用中列支。但对施工企业提供的具有合格证明的材料进行检测不合格的，该检测费用由施工企业支付。

(9)工会经费：指企业按《中华人民共和国工会法》规定的全部职工工资总额比例计提的工会经费。

(10)职工教育经费：指按职工工资总额的规定比例计提，企业为职工进行专业技术和职业技能培训，专业技术人员继续教育、职工职业技能鉴定、职业资格认定以及根据需要对职工进行各类文化教育所发生的费用。

(11)财产保险费：指施工管理用财产、车辆等的保险费用。

(12)财务费：指企业为施工生产筹集资金或提供预付款担保、履约担保、职工工资支付担保等所发生的各种费用。

(13)税金：指企业按规定缴纳的房产税、车船使用税、土地使用税、印花税等。

(14)其他：包括技术转让费、技术开发费、投标费、业务招待费、绿化费、广告费、公证费、法律顾问费、审计费、咨询费、保险费等。

6.1.2.5　利润

利润是指施工企业完成所承包工程获得的盈利。

6.1.2.6 规费

规费是指按国家法律法规规定,由省级政府和省级有关权力部门规定必须缴纳或计取的费用。

1. 社会保险费

(1)养老保险费:指企业按照规定标准为职工缴纳的基本养老保险费。

(2)失业保险费:指企业按照规定标准为职工缴纳的失业保险费。

(3)医疗保险费:指企业按照规定标准为职工缴纳的基本医疗保险费。

(4)生育保险费:指企业按照规定标准为职工缴纳的生育保险费。

(5)工伤保险费:指企业按照规定标准为职工缴纳的工伤保险费。

2. 住房公积金

住房公积金是指企业按规定标准为职工缴纳的住房公积金。

3. 工程排污费

工程排污费是指按规定缴纳的施工现场工程排污费。

其他应列而未列入的规费,按实际发生计取。

6.1.2.7 税金

税金是指国家税法规定的应计入建筑安装工程造价内的营业税、城市维护建设税、教育费附加以及地方教育附加。

6.1.3 按造价形成划分的安装工程费用项目组成

建筑安装工程费按照工程造价形成由分部分项工程费、措施项目费、其他项目费、规费、税金组成,分部分项工程费、措施项目费、其他项目费包含人工费、材料费、施工机具使用费、企业管理费和利润。

6.1.3.1 分部分项工程费

分部分项工程费是指各专业工程的分部分项工程应予列支的各项费用。

(1)专业工程:指按现行国家计量规范划分的房屋建筑与装饰工程、仿古建筑工程、通用安装工程、市政工程、园林绿化工程、矿山工程、构筑物工程、城市轨道交通工程、爆破工程等各类工程。

(2)分部分项工程:指按现行国家计量规范对各专业工程划分的项目。如房屋建筑与装饰工程划分的土石方工程、地基处理与桩基工程、砌筑工程、钢筋及钢筋混凝土工程等。

各类专业工程的分部分项工程划分见现行国家或行业计量规范。

6.1.3.2 措施项目费

措施项目费是指为完成市政工程施工,发生于该工程施工前和施工过程中的技术、生活、安全、环境保护等方面的费用。内容包括:

(1)安全文明施工费。

①环境保护费:指施工现场为达到环保部门要求所需要的各项费用。

②文明施工费:指施工现场文明施工所需要的各项费用。

③安全施工费:指施工现场安全施工所需要的各项费用。

④临时设施费:指施工企业为进行市政工程施工所必须搭设的生活和生产用的临时建筑物、构筑物和其他临时设施费用。包括临时设施的搭设、维修、拆除、清理费或摊销费等。

(2)夜间施工增加费:指因夜间施工所发生的夜班补助费、夜间施工降效、夜间施工照明设备摊销及照明用电等费用。

(3)二次搬运费:指因施工场地条件限制而发生的材料、构配件、半成品等一次运输不能到达堆放地点,必须进行二次或多次搬运所发生的费用。

(4)冬雨季施工增加费:指在冬季或雨季施工需增加的临时设施、防滑、排除雨雪,人工及施工机械效率降低等费用。

(5)已完工程及设备保护费:指竣工验收前,对已完工程及设备采取的必要保护措施所发生的费用。

(6)工程定位复测费:指工程施工过程中进行全部施工测量放线和复测工作的费用。

(7)特殊地区施工增加费:指工程在沙漠或其边缘地区、高海拔、高寒、原始森林等特殊地区施工增加的费用。

(8)大型机械设备进出场及安拆费:指机械整体或分体自停放场地运至施工现场或由一个施工地点运至另一个施工地点,所发生的机械进出场运输及转移费用及机械在施工现场进行安装、拆卸所需的人工费、材料费、机械费、试运转费和安装所需的辅助设施的费用。

(9)脚手架工程费:指施工需要的各种脚手架搭、拆、运输费用,以及脚手架购置费的摊销(或租赁)费用。

措施项目及其包含的内容详见各类专业工程的现行国家或行业计量规范。

6.1.3.3　其他项目费

(1)暂列金额:指建设单位在工程量清单中暂定并包括在工程合同价款中的一笔款项。用于施工合同签订时尚未确定或者不可预见的所需材料、工程设备、服务的采购,施工中可能发生的工程变更、合同约定调整因素出现时的工程价款调整以及发生的索赔、现场签证确认等的费用。

(2)计日工:指在施工过程中,施工企业完成建设单位提出的施工图纸以外的零星项目或工作所需的费用。

(3)总承包服务费:指总承包人为配合、协调建设单位进行的专业工程发包,对建设单位自行采购的材料、工程设备等进行保管,以及施工现场管理、竣工资料汇总整理等服务所需的费用。

6.1.3.4　规费

定义同 6.1.2.6。

6.1.3.5　税金

定义同 6.1.2.7。

6.2 施工成本管理任务与措施

6.2.1 施工成本管理的任务

施工成本管理就是要在保证工期和质量满足要求的情况下,采取相应管理措施,包括组织措施、经济措施、技术措施、合同措施,把成本控制在计划范围内,并进一步寻求最大程度的成本节约。施工成本管理的任务和环节主要包括:施工成本预测、施工成本计划、施工成本控制、施工成本核算、施工成本分析、施工成本考核。

6.2.1.1 施工成本预测

施工成本预测是成本管理的第一个环节,就是根据成本的历史资料、有关信息和施工项目的具体情况,运用一定的专门方法,对未来的成本水平及其可能发展趋势做出科学的估计。它是在工程施工以前对成本进行的估算,通常是对施工项目计划工期内影响其成本变化的各个因素进行分析,比照近期已完工施工项目或将完工施工项目的成本(单位成本),预测这些因素对工程成本中有关项目的影响程度,预测出工程的单位成本或总成本。

通过施工成本预测,可以在满足项目业主和本企业要求的前提下,选择成本低、效益好的最佳成本方案,并能够在施工项目成本形成过程中,针对薄弱环节,加强成本控制,克服盲目性,提高预见性。因此,施工成本预测是施工项目成本决策与计划的依据。

6.2.1.2 施工成本计划

施工成本计划是以货币形式编制施工项目在计划期内的生产费用、成本水平、成本降低率及为降低成本所采取的主要措施和规划的书面方案,它是建立施工项目成本管理责任制、开展成本控制和核算的基础,是该项目降低成本的指导文件,是设立目标成本的依据。可以说,成本计划是目标成本的一种形式。

6.2.1.3 施工成本控制

施工成本控制是指在施工过程中,对影响施工成本的各种因素加强管理,并采取各种有效措施,将施工中实际发生的各种消耗和支出严格控制在成本计划范围内,随时揭示并及时反馈,严格审查各项费用是否符合标准,计算实际成本和计划成本之间的差异并进行分析,进而采取多种措施,消除施工中的损失浪费现象。

市政工程项目施工成本控制应贯穿于项目从投标阶段开始直至竣工验收的全过程,它是企业全面成本管理的重要环节。

6.2.1.4 施工成本核算

施工成本核算包括两个基本环节:一是按照规定的成本开支范围对施工费用进行归集和分配,计算出施工费用的实际发生额;二是根据成本核算对象,采用适当的方法,计算出该施工项目的总成本和单位成本。施工成本管理需要正确及时地核算施工过程中发生的各项费用,计算施工项目的实际成本。施工项目成本核算所提供的各种成本信息,是成本预测、成本计划、成本控制、成本分析和成本考核等各个环节的依据。

6.2.1.5　施工成本分析

施工成本分析是在施工成本核算的基础上,对成本的形成过程和影响成本升降的因素进行分析,以寻求进一步降低成本的途径,包括有利偏差的挖掘和不利偏差的纠正。施工成本分析贯穿于施工成本管理的全过程,它是在成本的形成过程中,主要利用施工项目的成本核算资料(成本信息),与目标成本、预算成本以及类似的施工项目的实际成本等进行比较,了解成本的变动情况,同时也要分析主要技术经济指标对成本的影响,系统地研究成本变动的因素,检查成本计划的合理性,并通过成本分析,深入揭示成本变动的规律,寻找降低施工项目成本的途径,以便有效地进行成本控制。成本偏差的控制,分析是关键,纠偏是核心,要针对分析得出的偏差发生原因,采取切实措施,加以纠正。

6.2.1.6　施工成本考核

施工成本考核是指在施工项目完成后,对施工项目成本形成中的各责任者,按施工项目成本目标责任制的有关规定,将成本的实际指标与计划、定额、预算进行对比和考核,评定施工项目成本计划的完成情况和各责任者的业绩,并以此给以相应的奖励和处罚。通过成本考核,做到有奖有惩,赏罚分明,才能有效地调动每一位员工在各自施工岗位上努力完成目标成本的积极性,为降低施工项目成本和增加企业的积累,做出自己的贡献。

施工成本考核是衡量成本降低的实际成果,也是对成本指标完成情况的总结和评价。

施工成本管理的每一个环节都是相互联系和相互作用的。施工成本预测是施工成本决策的前提,施工成本计划是施工成本决策所确定目标的具体化。施工成本计划、控制则是对施工成本计划的实施进行控制和监督,保证决策的成本目标的实现,而施工成本核算是对施工成本计划是否实现的最后检验,它所提供的成本信息又对下一个施工项目施工成本预测和决策提供基础资料。成本考核是实现成本目标责任制的保证和实现决策目标的重要手段。

6.2.2　施工成本管理的措施

为了取得施工成本管理的理想成效,应当从多方面采取措施实施管理,通常可以将这些措施归纳为组织措施、技术措施、经济措施、合同措施。

6.2.2.1　组织措施

组织措施的一方面是从施工成本管理的组织方面采取的措施。施工成本控制是全员的活动,如实现项目经理责任制,落实施工成本管理的组织机构和人员,明确各级施工成本管理人员的任务和职能分工、权利和责任。施工成本管理不仅是专业成本管理人员的工作,各又级各项目管理人员都负有成本控制责任。

组织措施的另一方面是编制施工成本控制工作计划,确定合理详细的工作流程。要做好施工采购规划,通过生产要素的优化配置、合理使用、动态管理,有效控制实际成本;加强施工定额管理和施工任务单管理,控制活劳动和物化劳动的消耗;加强施工调度,避免因施工计划不周和盲目调度造成窝工损失、机械利用率低、物料积压等而使施工成本增加。施工成本控制工作只有建立在科学管理的基础之上,具备合理的管理体制、完善的规章制度、稳定的作业秩序、完整准确的信息传递,才能取得成效。组织措施是其他各类措施的前提和保障,而且一般不需要增加额外的费用,运用得当可以收到良好的效果。

6.2.2.2　技术措施

施工过程中降低成本的技术措施包括：进行经济分析，确定最佳的施工方案；结合施工方法，进行材料使用的比选，在满足功能要求的前提下，通过代用、改变配合比、使用外加剂等方法降低材料消耗的费用；确定最合适的施工机械、设备使用方案；结合项目的施工组织设计及自然地理条件，降低材料的库存成本和运输成本；应用先进的施工技术，运用新材料，使用新开发机械设备等。在实践中，也要避免仅从技术角度选定方案而忽视对其经济效果的分析论证。

技术措施不仅对解决施工成本管理过程中的技术问题是不可缺少的，而且对纠正施工成本管理目标偏差也有相当重要的作用。因此，运用技术纠偏措施的关键，一是要能提出多个不同的技术方案；二是要对不同的技术方案进行技术经济分析。

6.2.2.3　经济措施

经济措施是最易为人们所接受和采取的措施。管理人员应编制资金使用计划，确定、分解施工成本管理目标；对施工成本管理目标进行风险分析，并制定防范性对策；对各种支出，应认真做好资金的使用计划，并在施工中严格控制各项开支；及时准确地记录、收集、整理、核算实际发生的成本；对各种变更及时做好增减账，及时落实业主签证，及时结算工程款；通过偏差分析和未完工工程预测，可发现一些潜在的可能引起未完工程施工成本增加的问题，对这些问题应以主动控制为出发点，及时采取预防措施。由此可见，经济措施的运用绝不仅仅是财务人员的事情。

6.2.2.4　合同措施

采取合同措施控制施工成本，应贯穿整个合同周期，包括从合同谈判开始到合同终结的全过程。首先是选用合适的合同结构，对各种合同结构模式进行分析、比较，在合同谈判时，要争取选用适合于工程规模、性质和特点的合同结构模式。其次，在合同条款中应仔细考虑一切影响成本和效益的因素，特别是潜在的风险因素；通过对引起成本变动的风险因素的识别和分析，采取必要的风险对策，如通过合理的方式，增加承担风险的个体数量，降低损失发生的比例，并最终使这些策略反映在合同的具体条款中。在合同执行期间，合同管理的措施既要密切注视对方合同执行的情况，以寻求合同索赔的机会；同时也要密切关注自己履行合同的情况，以防被对方索赔。

6.3　施工成本计划和控制

6.3.1　施工成本计划的类型

对于一个施工项目而言，其成本计划的编制是一个不断深化的过程。在这一过程的不同阶段形成深度和作用不同的成本计划，按其作用可分为三类。

6.3.1.1　竞争性成本计划

竞争性成本计划即工程项目投标及签订合同阶段的估算成本计划。这类成本计划是以招标文件中的合同条件、投标者须知、技术规程、设计图纸或工程量清单等为依据，以有关价格条件说明为基础，结合调研和现场考察获得的情况，根据本企业的工料消耗标准、水平、价格资料和费用指标,对本企业完成招标工程所需要支出的全部费用的估算。在投标报价过程中,虽也着力考虑降低成本的途径和措施,但总体上较为粗略。

6.3.1.2　指导性成本计划

指导性成本计划即选派项目经理阶段的预算成本计划,是项目经理的责任成本目标。它是以合同标书为依据,按照企业的预算定额标准制订的设计预算成本计划,且一般情况下只是确定责任总成本指标。

6.3.1.3　实施性成本计划

实施性成本计划即项目施工准备阶段的施工预算成本计划,它以项目实施方案为依据,落实项目经理责任目标为出发点,采用企业的施工定额通过施工预算的编制而形成的实施性施工成本计划。

以上三类成本计划互相衔接和不断深化,构成了整个工程施工成本的计划过程。其中,竞争性成本计划带有成本战略的性质,是项目投标阶段商务标书的基础,而有竞争力的商务标书又是以其先进合理的技术标书为支撑的。因此,它奠定了施工成本的基本框架和水平。指导性成本计划和实施性成本计划都是战略性成本计划的进一步展开和深化,是对战略性成本计划的战术安排。此外,根据项目管理的需要,实施性成本计划又可按施工成本组成、子项目组成、工程进度分别编制施工成本计划。

6.3.2　施工成本控制的基本原则

施工成本控制是在项目成本的形成过程中,对生产经营所消耗的人力资源、物资资源和费用开支进行指导、监督、检查和调整,及时纠正将要发生和已经发生的偏差,把各项生产费用控制在计划成本的范围之内,以保证成本目标的实现。

6.3.2.1　成本最低原则

掌握施工成本最低化原则应注意降低成本的可能性和合理的成本最低化,既要挖掘各种降低成本的能力,使其可能成为现实;也要从实际出发,制定通过主观努力达到合理的最低成本水平。

6.3.2.2　全员成本原则

施工项目成本的全员,包括项目部负责人、各部室、各作业队等,成本控制全员参与,人人有责,才能使工程成本自始至终置于有效的控制之下。

6.3.2.3　目标分解原则

应将项目施工成本的目标进行分解,分解责任到人、到位,分解目标到每个阶段和每项工作。

6.3.2.4　动态控制原则

动态控制原则又称为过程控制原则,施工成本控制应随着工程进展的各个阶段连续进行,特别强调过程控制、检查目标的执行结果,评价目标和修正目标;发现成本偏差,及时调整纠正,形成目标管理的计划、实施、检查、处理循环,即PDCA循环。

6.3.2.5　责、权、利相结合的原则

在确定项目经理和各个岗位管理人员后,同时要确定各自相应的责、权、利。“责”是指完成成本控制指标的责任;“权”是指责任承担者为了完成成本控制目标必须具备的权

限;“利”是指根据成本控制目标完成情况给予责任承担者相应的奖惩。做好责、权、利相结合,成本控制才能收到预期效果。三者和谐统一,缺一不可。

在施工过程中,项目部各部门、各作业班组在肩负成本控制责任的同时,享有成本控制的权利;项目经理要对各部门、各作业班组的成本控制业绩进行定期的检查和考评,实行有奖有罚。关键是将目标落实到人。

6.3.3 施工成本控制的依据

6.3.3.1 工程承包合同

施工成本控制要以工程承包合同为依据,围绕降低施工成本目标,从预算收入和实际成本两方面,努力挖掘增收节支潜力,以求获得最大的经济效益。

6.3.3.2 施工成本计划

施工成本计划是根据项目施工的具体情况制订的施工成本控制方案,既包括预定的具体成本控制目标,又包括实现控制目标的措施和规划,是施工成本控制的指导文件。

6.3.3.3 进度报告

进度报告提供了时限内工程实际完成量、施工成本实际支付情况等重要信息。施工成本控制工作就是通过实际情况与施工成本计划相比较,找出二者之间的差别,分析偏差产生的原因,从而采取措施加以改进。

6.3.3.4 工程变更

在工程实施过程中,由于各方面的原因,工程变更是很难避免的。工程变更一般包括设计变更、进度计划变更、施工条件变更、技术规范与标准变更、施工顺序变更、工程数量变更等。一旦出现变更,工程量、工期、成本都将发生变化,从而使施工成本控制变得复杂和困难。项目施工成本管理人员应通过对变更要求中各类数据的计算、分析,随时掌握变更情况,包括已发生工程量、将要发生工程量、工期是否拖延、支付情况等重要信息,判断变更以及变更可能带来的索赔额度等。

除上述几种施工成本控制工作的主要依据外,有关施工组织设计、分包合同文本等也都是施工成本控制的依据。

6.3.4 施工成本控制的步骤

在确定了施工成本计划后,必须定期进行施工成本计划值和实际值的比较,当实际值偏离计划值时,分析产生偏差的原因,采取适当的纠偏措施,以确保施工成本控制目标的实现。其步骤如下:

(1)比较:按照某种确定的方式将施工成本计划值逐项进行比较,以发现施工成本是否已超支。

(2)分析:在比较的基础上,对比较的结果进行分析,以确定偏差的严重性及产生的原因。这一步是施工成本控制工作的核心,其主要目的在于找出偏差的原因,从而采取有针对性的措施,减少或者避免相同原因的再次发生或者减少由此造成的损失。

(3)预测:按照完成情况估计完成项目所需要的总费用。

(4)纠偏:当工程项目的实际成本出现偏差时,应当根据工程的具体情况、偏差分析和预测的结果，采取适当的措施，以期达到使施工成本偏差尽可能小的目的。纠偏是施工成本控制中最具真实性的一步。只有通过纠偏，才能最终达到有效控制施工成本的目的。

(5)检查：对工程的进展进行跟踪和检查，及时了解工程进展状况以及纠偏措施的执行情况和效果，为今后的工作积累经验。

6.3.5　施工成本控制的方法

施工成本控制的方法很多，而且有一定的随机性；也就是在什么情况下，就要采取与之相适应的控制手段和控制方法。常用的成本控制方法论述如下。

6.3.5.1　施工成本的过程控制法

施工阶段是成本发生的主要阶段，这个阶段的成本控制主要是通过确定成本目标并按计划成本组织施工，合理配置资源，对施工现场发生的各项成本费用进行有效控制。具体的费用控制有：人工费的控制，材料费的控制，脚手架、模板等周转设备使用费的控制，施工机械使用费的控制，构件加工费和分包工程费的控制等。

6.3.5.2　成本与进度同步跟踪法——赢得值法(Earned Value Management, EVM)

在项目实施过程中，其费用和进度之间联系非常紧密。如果降低费用，资源投入会减少，相应的进度也会受影响；如果赶进度，或项目持续时间过长，又可能使费用上升。因此，在进行项目的费用控制和进度控制时，还要考虑到费用与进度的协调控制，设法使这两个控制指标达到最优。赢得值法以预算和费用来衡量项目的进度，是一项进行费用、进度综合控制的技术，是项目管理员评估项目执行绩效的有力工具。

赢得值法作为一项先进的项目管理技术，最初是美国国防部于1967年首次确立的。截至目前，国际上先进的工程公司已普遍采用赢得值法进行工程项目的费用、进度综合分析控制。

赢得值法是以完成工作预算的赢得值为基础，用三个基本值量测项目的费用和进度，反映项目进展状况的项目管理整体技术方法。该方法通过测量和计算已完工作的预算费用与实际费用和计划工作的预算费用，得到有关计划实施的费用和进度偏差、评价指标。通过这些指标预测项目完工时的估算，从而达到判断项目费用、进度计划执行情况，进而采取一系列措施来对项目进行综合管理。

1. 赢得值法的三个基本参数

(1)已完工作预算费用(Budgeted Cost of Work Performed, BCWP)，是指项目实施过程中对执行效果进行检查时，已完成的工作量按预算标准结算的费用。它主要反映该项目任务按合同计划实施的进展状况，这个参数具有反映费用和进度执行效果的双重特性。回答了这样的问题：我们到底完成了多少工作量？

$$已完工作预算费用(BCWP) = 已完成工作量 \times 预算单价 \tag{6-1}$$

(2)计划工作预算费用(Budgeted Cost of Work Scheduled, BCWS)，是指项目实施过程中对执行效果进行检查时，在指定时间内按计划规定应当完成任务的预算费用。它是项目进度执行效果的参数，反映按进度计划应完成的工作量，不表明按进度计划的实际费用消耗量。回答了这样的问题：到该日期原来计划费用是多少？

$$计划工作预算费用(BCWS) = 计划工作量 \times 预算单价 \tag{6-2}$$

(3)已完工作实际费用(Actual Cost of Work Performed,ACWP),是指已完成工作量的实际消耗费用。它是指项目实施过程中对执行效果进行检查时,在指定时间内已完成任务(包括已全部完成和部分完成的各单项任务)所实际花费的费用。回答了这样的问题:我们到底花费了多少费用?

$$\text{已完工作实际费用}(ACWP) = \text{已完成工作量} \times \text{实际单价} \tag{6-3}$$

2. 由三个基本参数导出的四个评价指标

(1)费用偏差(Cost Variance,CV),是指在某个检查点上已完工作预算费用 $BCWP$ 与已完工作实际费用 $ACWP$ 之间的差值,即

$$\text{费用偏差}(CV) = \text{已完工作预算费用}(BCWP) - \text{已完工作实际费用}(ACWP) \tag{6-4}$$

当 $CV<0$ 时,表明项目运行超出预算费用;当 $CV>0$ 时,表明项目运行节支;当 $CV=0$ 时,表明项目运行符合预算费用。

(2)进度偏差(Schedule Variance,SV),是指在某个检查点上已完工作预算费用 $BCWP$ 与计划工作预算费用 $BCWS$ 的差值,即

$$\text{进度偏差}(SV) = \text{已完工作预算费用}(BCWP) - \text{计划工作预算费用}(BCWS) \tag{6-5}$$

当 $SV<0$ 时,表明进度延误;当 $SV>0$ 时,表明进度提前;当 $SV=0$ 时,表明符合进度计划。

(3)费用绩效指数(Cost Performance Index,CPI),是指项目赢得值与实际费用值的比值,即

$$\text{费用绩效指数}(CPI) = \text{已完工作预算费用}(BCWP) / \text{已完工作实际费用}(ACWP) \tag{6-6}$$

当 $CPI<1$ 时,表明超支,实际费用高于预算费用;当 $CPI>1$ 时,表明节约,实际费用低于预算费用;当 $CPI=1$ 时,表明实际费用等于预算费用。

(4)进度绩效指数(Schedule Performed Index,SPI),是指项目赢得值与计划值的比值,即

$$\text{进度绩效指数}(SPI) = \text{已完工作预算费用}(BCWP) / \text{计划工作预算费用}(BCWS) \tag{6-7}$$

当 $SPI<1$ 时,表明进度延误,实际进度比计划进度滞后;当 $SPI>1$ 时,表明进度提前,实际进度比计划进度快;当 $SPI=1$ 时,表明实际进度等于计划进度。

3. 偏差分析的方法

偏差分析可采用不同的方法,常用的有横道图法、表格法和曲线法。

(1)横道图法。

用横道图法进行偏差分析,是用不同的横道标识已完工作预算费用($BCWP$)、计划工作预算费用($BCWS$)和已完工作实际费用($ACWP$),横道的长度与其金额成正比例,如图 6-1 所示。横道图法有形象、直观、一目了然等优点,但反映的信息量少,一般在管理高层应用。

(2)表格法。

表格法是进行偏差分析最常用的一种方法,它将项目编码、项目名称、各投资参数及投资偏差数综合归纳入一张表格中,并且直接在表格中进行比较,如表 6-1 所示。由于各偏差参数都在表中列出,使得投资管理者能够综合地了解并处理这些数据。表格法具有灵活、适用性强、信息量大、便捷的优点。

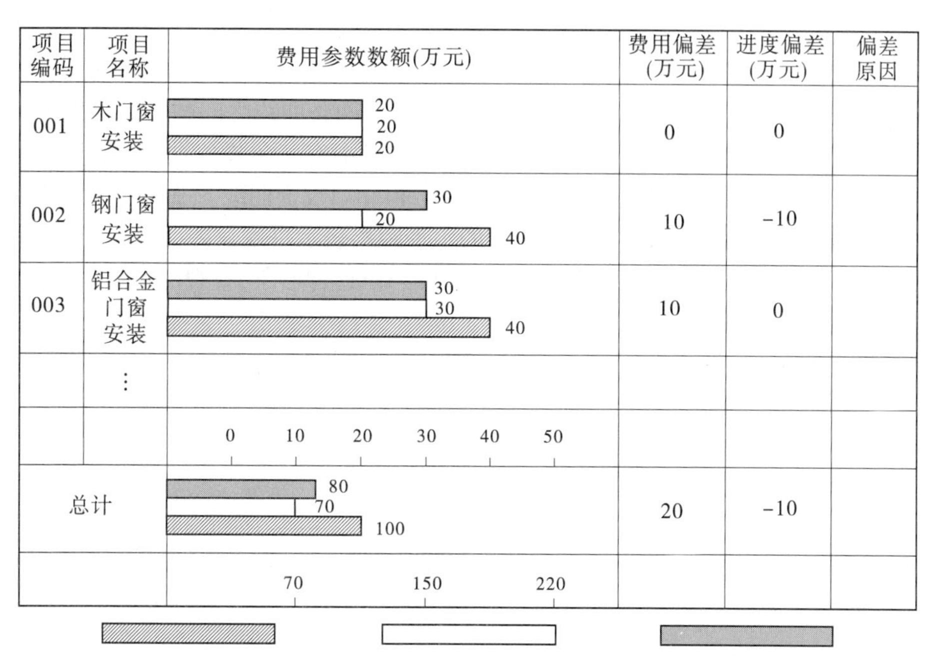

图6-1　用横道图法进行投资偏差分析

表6-1　偏差分析表

项目编码	(1)	001	002	003
项目名称	(2)	木门窗安装	钢门窗安装	铝合金门窗安装
单位	(3)			
计划单价	(4)			
拟完工程量	(5)			
拟完工程计划投资	(6)=(4)×(5)	20	20	30
已完工程量	(7)			
已完工程计划投资	(8)=(4)×(7)	20	30	30
实际单价	(9)			
其他款项	(10)			
已完工程实际投资	(11)=(7)×(9)+(10)	20	40	40
投资局部偏差	(12)=(11)-(8)	0	10	10
投资局部偏差程度	(13)=(11)÷(8)	1	1.33	1.33
投资累计偏差	(14)=∑(12)			
投资累计偏差程度	(15)=∑(11)÷∑(8)			
进度局部偏差	(16)=(6)-(8)	0	-10	0
进度局部偏差程度	(17)=(6)÷(8)	1	0.66	1
进度累计偏差	(18)=∑(16)			
进度累计偏差程度	(19)=∑(6)÷∑(8)			

(3)曲线法。

曲线法是用投资累计曲线(S形曲线)来进行偏差分析的一种方法,其中一条曲线表示投资实际值曲线,另一条曲线表示投资计划值曲线,两条曲线之间的竖向距离表示投资偏差,如图6-2所示。在用曲线法进行偏差分析时,通常有三条投资曲线,即已完工程实际投资曲线 a、已完工程计划投资曲线 b 和拟完工程计划投资曲线 p,图中曲线 a 与曲线 b 的竖向距离表示投资偏差,曲线 p 与曲线 b 的水平距离表示进度偏差,曲线 p 与曲线 a 的竖向距离表示投资增加。用曲线法进行偏差分析同样具有形象、直观的特点,但这种方法很难直接用于定量分析。

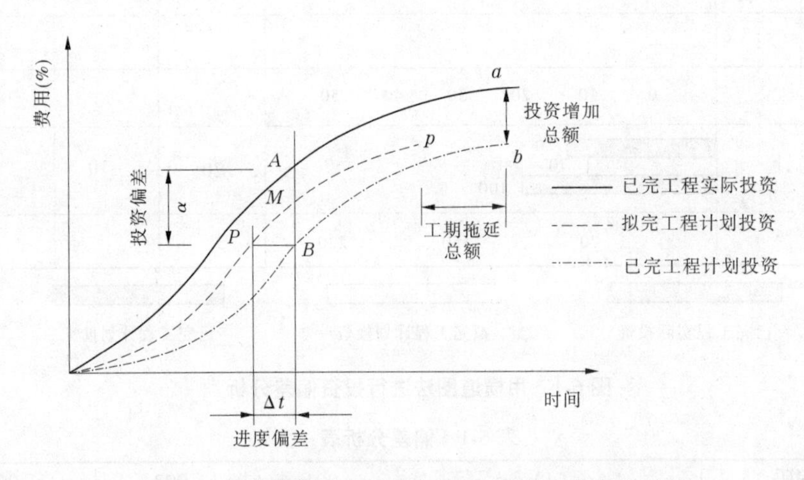

图6-2 用投资累计曲线(S形曲线)进行投资偏差分析

应当指出的是,以上三者所依据的原理是相同的,它们实际上都是运用挣值分析的方法来进行投资偏差分析,只不过它们借助的工具不同,表现形式不一样罢了。

6.4 施工成本核算与分析

6.4.1 施工成本分析的依据

施工成本分析,就是根据会计核算、业务核算和统计核算提供的资料,对施工成本的形成过程和影响成本升降的因素进行分析,以寻求进一步降低成本的途径。另外,通过成本分析,可从账簿、报表反映的成本现象看清成本的实质,从而增强项目成本的透明度和可控性,为加强成本控制,实现项目成本目标创造条件。

6.4.1.1 会计核算

会计核算主要是价值核算。会计是对一定单位的经济业务进行计量、记录、分析和检查,做出预测,参与决策,实行监督,旨在实现最优经济效益的一种管理活动。它通过设置账户、复式记账、填制和审核凭证、登记账簿、成本计算、财产清查和编制会计报表等一系列有组织、有系统的方法,来记录企业的一切生产经营活动,然后据以提出一些用货币来反映的有关各种综合性经济指标的数据。资产、负债、所有者权益、营业收入、成本、利润等会计六要素指标，主要是通过会计来核算的。由于会计记录具有连续性、系统性、综合性等特点，所以它是施工成本分析的重要依据。

6.4.1.2　业务核算

业务核算是各业务部门根据业务工作的需要而建立的核算制度，它包括原始记录和计算登记表，如单位工程及分部分项工程进度登记，质量登记，工效、定额计算登记，物资消耗定额记录，测试记录等。业务核算的范围比会计核算、统计核算要广，会计核算和统计核算一般是对已经发生的经济活动进行核算，而业务核算不但可以对已经发生的，而且还可以对尚未发生或正在发生的经济活动进行核算，看是否可以做，是否有经济效果。它的特点是，对个别的经济业务进行单项核算。例如各种技术措施、新工艺等项目，可以核算已经完成的项目是否达到原定的目的，取得预期的效果，也可以对准备采取措施的项目进行核算和审查，看是否有效果，值不值得采纳，随时都可以进行。业务核算的目的，在于迅速取得资料，在经济活动中及时采取措施进行调整。

6.4.1.3　统计核算

统计核算是利用会计核算资料和业务核算资料，把企业生产经营活动客观现状的大量数据，按统计方法加以系统整理，表明其规律性。它的计量尺度比会计核算宽，可以用货币计算，也可以用实物或劳动量计量。它通过全面调查和抽样调查等特有的方法，不仅能提供绝对数指标，还能提供相对数和平均数指标，可以计算当前的实际水平，确定变动速度，可以预测发展的趋势。

6.4.2　施工成本分析的方法

6.4.2.1　施工成本分析的基本方法

施工成本分析的基本方法包括比较法、因素分析法、差额计算法、比率法等。

1. 比较法

比较法又称指标对比分析法，就是通过技术经济指标的对比，检查目标的完成情况，分析产生差异的原因，进而挖掘内部潜力的方法。这种方法具有通俗易懂、简单易行、便于掌握的特点，因而得到了广泛的应用，但在应用时必须注意各技术经济指标的可比性。比较法的应用，通常有下列形式：

（1）将实际指标与目标指标对比。以此检查目标完成情况，分析影响目标完成的积极因素和消极因素，以便及时采取措施，保证成本目标的实现。在进行实际指标与目标指标对比时，还应注意目标本身有无问题。如果目标本身出现问题，则应调整目标，重新正确评价实际工作的成绩。

（2）本期实际指标与上期实际指标对比。通过这种对比，可以看出各项技术经济指标的变动情况，反映施工管理水平的提高程度。

（3）与本行业平均水平、先进水平对比。通过这种对比，可以反映本项目的技术管理及经济管理与行业的平均水平和先进水平的差距，进而采取措施赶超先进水平。

2. 因素分析法

因素分析法又称连环置换法，这种方法可用来分析各种因素对成本的影响程度。在进行分析时，首先要假定众多因素中的一个因素发生了变化，而其他因素则不变，然后逐

个替换,分别比较其计算结果,以确定各个因素的变化对成本的影响程度。因素分析法的计算步骤如下:

(1)确定分析对象,并计算出实际数与目标数的差异。

(2)确定该指标是由哪几个因素组成的,并按其相互关系进行排序(排序规则是:先实物量,后价值量;先绝对值,后相对值)。

(3)以目标数为基础,将各因素的目标数相乘,作为分析替代的基数。

(4)将各个因素的实际数按照上面的排列顺序进行替换计算,并将替换后的实际数保留下来。

(5)将每次替换计算所得的结果,与前一次的计算结果相比较,两者的差异即为该因素对成本的影响程度。

(6)各个因素的影响程度之和,应与分析对象的总差异相等。

3. 差额计算法

差额计算法是因素分析法的一种简化形式,它利用各个因素的目标值与实际值的差额来计算其对成本的影响程度。

4. 比率法

比率法是指用两个以上的指标的比例进行分析的方法。它的基本特点是:先把对比分析的数值变成相对数,再观察其相互之间的关系。常用的比率法有以下几种:

(1)相关比率法。由于项目经济活动的各个方面是相互联系、相互依存,又相互影响的,因而可以将两个性质不同而又相关的指标加以对比,求出比率,并以此来考察经营成果的好坏。例如:产值和工资是两个不同的概念,但它们的关系又是投入与产出的关系。在一般情况下,都希望以最少的工资支出完成最大的产值。因此,用产值工资率指标来考核人工费的支出水平,就很能说明问题。

(2)构成比率法。又称比重分析法或结构对比分析法。通过构成比率,可以考察成本总量的构成情况及各成本项目占成本总量的比例,同时也可看出量、本、利的比例关系(预算成本、实际成本和降低成本的比例关系),从而为寻求降低成本的途径指明方向。

(3)动态比率法。就是将同类指标不同时期的数值进行对比,求出比率,以分析该项指标的发展方向和发展速度。动态比率的计算,通常采用基期指数和环比指数两种方法。

6.4.2.2　综合成本的分析方法

所谓综合成本,是指涉及多种生产要素,并受多种因素影响的成本费用,如分部分项工程成本、月(季)度成本、年度成本等。由于这些成本都是随着项目施工的进展而逐步形成的,与生产经营有着密切的关系。因此,做好上述成本的分析工作,无疑将促进项目的生产经营管理,提高项目的经济效益。

1. 分部分项工程成本分析

分部分项工程成本分析是施工项目成本分析的基础。分部分项工程成本分析的对象为已完成分部分项工程。分析的方法是:进行预算成本、目标成本和实际成本的“三算”对比,分别计算实际偏差和目标偏差,分析偏差产生的原因,为今后的分部分项工程成本寻求节约途径。

分部分项工程成本分析的资料来源是:预算成本来自投标报价成本,目标成本来自施工预算,实际成本来自施工任务单的实际工程量、实耗人工和限额领料单的实耗材料。

由于施工项目包括很多分部分项工程,不可能也没有必要对每一个分部分项工程都进行成本分析。特别是一些工程量小、成本费用微不足道的零星工程。但是,对于那些主要分部分项工程则必须进行成本分析,而且要做到从开工到竣工进行系统的成本分析。这是一项很有意义的工作,因为通过主要分部分项工程成本的系统分析,可以基本上了解项目成本形成的全过程,为竣工成本分析和今后的项目成本管理提供一份宝贵的参考资料。

2. 月(季)度成本分析

月(季)度成本分析,是施工项目定期的、经常性的中间成本分析。对于具有一次性特点的施工项目来说,有着特别重要的意义。因为通过月(季)度成本分析,可以及时发现问题,以便按照成本目标指定的方向进行监督和控制,保证项目成本目标的实现。月(季)度成本分析的依据是当月(季)的成本报表。分析的方法,通常有以下几个方面:

(1)通过实际成本与预算成本的对比,分析当月(季)的成本降低水平;通过累计实际成本与累计预算成本的对比,分析累计的成本降低水平,预测实现项目成本目标的前景。

(2)通过实际成本与目标成本的对比,分析目标成本的落实情况,以及目标管理中的问题和不足,进而采取措施,加强成本管理,保证成本目标的落实。

(3)通过对各成本项目的成本分析,可以了解成本总量的构成比例和成本管理的薄弱环节。例如:在成本分析中,发现人工费、机械费和间接费等项目大幅度超支,就应该对这些费用的收支配比关系认真研究,并采取对应的增收节支措施,防止今后再超支。如果是属于规定的“政策性”亏损,则应从控制支出着手,把超支额压缩到最低限度。

(4)通过主要技术经济指标的实际与目标对比,分析产量、工期、质量、“三材”节约率、机械利用率等对成本的影响。

(5)通过对技术组织措施执行效果的分析,寻求更加有效的节约途径。

(6)分析其他有利条件和不利条件对成本的影响。

3. 年度成本分析

企业成本要求一年结算一次,不得将本年度成本转入下一年度。而项目成本则以项目的寿命周期为结算期,要求从开工到竣工到保修期结束连续计算,最后结算出成本总量及其盈亏。由于项目的施工周期一般较长,除进行月(季)度成本核算和分析外,还要进行年度成本的核算和分析。这不仅是为了满足企业汇编年度成本报表的需要,同时也是项目成本管理的需要。因为通过年度成本的综合分析,可以总结一年来成本管理的成绩和不足,为今后的成本管理提供经验和教训,从而可对项目成本进行更有效的管理。

年度成本分析的依据是年度成本报表。年度成本分析的内容,除月(季)度成本分析的六个方面外,重点是针对下一年度的施工进展情况规划切实可行的成本管理措施,以保证施工项目成本目标的实现。

4. 竣工成本的综合分析

凡是有几个单位工程而且是单独进行成本核算(成本核算对象)的施工项目,其竣工成本分析应以各单位工程竣工成本分析资料为基础,再加上项目经理部的经营效益(如资金调度、对外分包等所产生的效益)进行综合分析。如果施工项目只有一个成本核算对象(单位工程),就以该成本核算对象的竣工成本资料作为成本分析的依据。

单位工程竣工成本分析,应包括以下三方面内容:

(1)竣工成本分析。

(2)主要资源节超对比分析。

(3)主要技术节约措施及经济效果分析。

通过以上分析,可以全面了解单位工程的成本构成和降低成本的来源,对今后同类工程的成本管理很有参考价值。

本章小结

本章结合工程项目成本管理实践,介绍了工程项目成本管理的概念、计划编制、成本控制、成本核算与分析等知识。重点阐述了市政工程项目成本计划的编制方法、成本控制的方法和措施、市政工程项目成本分析的方法。以制订市政工程项目成本计划为基础,依据目标成本计划,采用横道图法、S形曲线法、表格法分析成本偏差,依据因素分析法定量分析费用偏差引起的因素,实施成本核算与分析。

学生在学习过程中,应注意理论联系实际,通过解析案例,初步掌握理论知识,再通过有效地完成施工项目成本管理的实践,提高实践动手能力。

思考题

1. 何谓施工成本?
2. 简述工程费用的组成项目。
3. 简述工程成本项目的组成。
4. 简述施工成本管理的任务。
5. 简述施工成本管理的措施。
6. 简述施工成本计划的编制方法。
7. 列出施工成本的三种控制方法。
8. 何谓赢得值法?
9. 赢得值当中的三个费用是指什么?
10. 赢得值当中的两个偏差是指什么?
11. 赢得值当中的两个绩效是指什么?
12. 施工成本核算主要有哪些方法?
13. 何谓统计核算?
14. 施工成本分析的方法有哪些?

第7章　职业健康安全与环境管理

案例导入：

某三期在建项目冷却塔施工平桥吊倒塌，造成74人遇难2人受伤。从初步掌握的情况看，此次事故的发生与建设单位、施工单位压缩工期、突击生产、施工组织不到位、管理混乱等有关。

7.1　职业健康安全与环境管理概述

由于市政工程规模大、周期长、技术复杂、作业环境局限、施工作业具有高空性等特点，存在过多的不稳定因素，导致市政工程安全生产的管理难度很大，容易发生伤亡事故。因此，应根据现行法律法规建立起各项安全生产管理制度体系，规范市政工程各参与方的安全生产行为。

7.1.1　职业健康安全管理概述

7.1.1.1　安全生产管理概念

所谓安全生产管理，是对施工活动过程中所涉及的安全进行的管理，包括建设行政主管部门对建设活动中的安全问题所进行的行业管理，以及从事建设活动的主体对自身建设活动的安全生产所进行的企业管理。

7.1.1.2　安全生产管理体系

安全生产管理体系始终以“安全第一，预防为主，综合治理”作为主导思想建立一系列组织机构、程序、过程和资源，以保障市政工程的安全生产。安全生产管理体系是一个动态、自我调整和完善的管理系统，即通过计划（Plan）、实施（Do）、检查（Check）和处理（Action）四个环节构成一个动态循环上升的系统化管理模式。安全生产管理体系是项目管理体系中的一个子系统，其循环也是整个管理系统循环的一个子系统。

7.1.1.3　安全生产管理的基本原则

1.“管生产必须管安全”的原则

从事生产管理和企业经营的领导者和组织者，必须明确安全和生产是一个有机的整体，生产工作和安全工作的计划、布置、检查、总结、评比要同时进行，决不能重生产轻安全。一切从事生产、经营活动的单位和管理部门都必须管安全，而且必须依照“安全生产是一切经济部门和生产企业的头等大事”的指示精神，全面负责安全生产工作。对于从事建筑产品生产的企业来说，就要求企业法人在各项经营管理活动中，把安全生产放在第一位来抓。

2. "安全具有否决权"的原则

"安全具有否决权"的原则是指安全工作是衡量企业经营管理工作好坏的一项基本内容,该原则要求,在对企业各项指标考核、评选先进时,必须首先考虑安全指标的完成情况。安全生产指标具有一票否决的作用。

3. "三同时"原则

"三同时"原则指基本建设项目中的职业安全、卫生技术和环境保护等措施和设施,必须与主体工程同时设计、同时施工、同时投产使用的法律制度的简称。

4. "五同时"原则

企业的生产组织及领导者在计划、布置、检查、总结、评比生产工作的同时,同时计划、布置、检查、总结、评比安全工作。

5. "四不放过"原则

"四不放过"原则指事故原因未查清楚不放过,当事人和群众没有受到教育不放过,事故责任人未受到处理不放过,没有制订切实可行的预防措施不放过。"四不放过"原则的支持依据是《国务院关于特大安全事故行政责任追究的规定》(国务院令第302号)

6. "三个同步"原则

"三个同步"原则指安全生产与经济建设、深化改革、技术改造同步规划、同步发展、同步实施。

7.1.2 工程现场环境管理概述

施工现场环境管理是项目管理的一个重要部分,良好的现场环境管理使场容美观整洁、道路畅通,材料放置有序,施工有条不紊。安全、消防、保安、卫生均能得到有效的保障,并且使得与项目有关的相关方都能满意;相反,低劣的现场管理会影响施工进度、成本和质量,并且是产生事故的隐患。

7.1.2.1 施工现场环境管理的概念

施工现场是用于进行该项目的施工活动,经有关部门批准占用的场地。这些场地可用于生产、生活或二者兼有,当该项工程施工结束后,这些场地将不再使用。施工现场包括红线以内或红线以外的用地,但不包括施工单位的自有场地或生产基地。施工项目现场环境管理是对施工项目现场内的活动及空间所进行的管理。

7.1.2.2 市政工程现场环境管理的特点

依据市政工程产品的特性,市政工程现场环境管理有以下特点。

1. 复杂性

建设项目的职业健康安全和环境管理涉及大量的露天作业,受到气候条件、工程地质和水文地质、地理条件和地域资源等不可控因素的影响较大。

2. 多变性

一方面是项目建设现场材料、设备和工具的流动性大;另一方面由于技术进步,项目不断引入新材料、新设备和新工艺,这都加大了相应的管理难度。

3. 协调性

项目建设涉及的工种甚多,包括大量的高空作业、地下作业、用电作业、爆破作业、施工机械、起重作业等较危险的工程,并且各工种经常需要交叉作业或平行作业。

4. 持续性

项目建设一般具有建设周期长的特点,从设计、实施直至投产阶段,诸多工序环环相扣。前一道工序的隐患,可能在后续的工序中暴露,酿成安全事故。

5. 经济性

产品的时代性、社会性与多样性决定了环境管理的经济性。

6. 多样性

产品的时代性和社会性决定了环境管理的多样性。

7.1.2.3 市政工程环境管理的要求

1. 市政工程项目决策阶段

建设单位应按照有关市政工程法律法规的规定和强制性标准的要求,办理各种有关安全与环境保护方面的审批手续。对需要进行环境影响评价或安全预评价的市政工程项目,应组织或委托有相应资质的单位进行市政工程项目环境影响评价和安全预评价。

2. 市政工程设计阶段

设计单位应按照有关市政工程法律法规的规定和强制性标准的要求,进行环境保护设施和安全设施的设计,防止因设计考虑不周而导致生产安全事故的发生或对环境造成不良影响。设计单位在进行工程设计时,应当考虑施工安全和防护需要,对涉及施工安全的重点部分和环节应在设计文件中注明,并对防范生产安全事故提出指导意见。

对于采用新结构、新材料、新工艺的市政工程和特殊结构的市政工程,设计单位应在设计中提出保障施工作业人员安全和预防生产安全事故的措施建议。

3. 市政工程施工阶段

建设单位在申请领取施工许可证时,应当提供市政工程有关安全施工措施的资料。对于依法批准开工报告的市政工程,建设单位应当自开工报告批准之日起15日内,将保证安全施工的措施报送至市政工程所在地的县级以上人民政府建设行政主管部门或者其他有关部门备案。

施工企业在其经营生产的活动中必须对本企业的安全生产负全面责任。企业的代表人是安全生产的第一负责人,项目经理是施工项目生产的主要负责人。施工企业应当具备安全生产的资质条件,取得安全生产许可证的施工企业应设立安全机构,配备合格的安全人员,提供必要的资源;要建立健全职业健康安全体系以及有关的安全生产责任制和各项安全生产规章制度。对项目要编制切合实际的安全生产计划,制订职业健康安全保障措施;实施安全教育培训制度,不断提高员工的安全意识和安全生产素质。

4. 项目验收试运行阶段

项目竣工后,建设单位应向审批市政工程项目环境影响报告书、环境影响报告或者环境影响登记表的环境保护行政主管部门申请,对环保设施进行竣工验收。环境保护行政主管部门应在收到申请环保设施竣工验收之日起30日内完成验收。验收合格后,才能投入生产和使用。

对于需要试生产的市政工程项目,建设单位应当在项目投入试生产之日起3个月内向环境保护行政主管部门申请对其项目配套的环保设施进行竣工验收。

7.2 职业健康安全管理

7.2.1 安全生产问题

要对施工安全生产进行管理，首先需要明确建筑生产过程中的安全问题，现对安全生产中常见的问题总结归纳如表 7-1 所示。

表 7-1 施工生产安全问题

安全问题	内容
作业环境局限场地狭小	工程位置的固定，决定了施工是在有限的场地和空间上集中大量的人力、物资、机具进行交叉作业，因此容易发生物体打击事故
作业条件恶劣	市政工程施工大多是露天作业
高空作业多	市政工程体积庞大，操作工人大多在十几米甚至上百米上空进行高空作业，容易发生高处坠落事故
人员流动大	施工人员流动性大，人员素质不稳定，安全管理难度大
产品多样、工艺复杂	每个市政工程都不相同，并且随着工程进度的推进，现场的不安全因素也随时在变化
体力消耗大、劳动强度高	由于劳动时间长和劳动强度大导致工人体力消耗大、容易疲劳产生疏忽，从而引发事故

7.2.2 安全生产管理的内容

(1)职责管理。安全生产职责管理如表 7-2 所示。

表 7-2 安全生产职责管理

<table>
<tr><td rowspan="3">安全生产职责管理</td><td>安全生产管理组织机构</td><td>项目部建立以项目经理为现场安全管理第一责任人的安全生产领导小组，明确安全生产领导小组的主要职责，明确现场安全管理组织机构网络</td></tr>
<tr><td>安全生产管理目标</td><td>明确伤亡控制指标、安全目标、文明施工目标</td></tr>
<tr><td>安全职责与权限</td><td>明确项目部主要管理人员的职责与权限，主要有项目经理、技术负责人、工长、安全员、质检员、材料员、保卫消防员、机械管理员、班组长、生产工人等的安全职责，并让责任人履行签字手续</td></tr>
</table>

(2)安全设施、材料、设备等的管理。

①现场所采购的钢管、扣件、安全网等安全防护用品等及电气开关设备必须符合安全规范要求；

②从与公司长期合作、有较高质量信誉的合格供应商处采购；

③采用的安全设施、材料必须具有合格的出厂证明、准用证、验收或复试手续等资料；

④明确采购及验收控制点。

(3)分包方安全控制。

《中华人民共和国建筑法》规定：施工现场安全由建筑施工企业负责。实行施工总承包，由总承包单位负责。分包单位向总承包单位负责，服从总承包单位对施工现场的安全生产管理。由此可见，对分包方进行安全及文明施工管理是必需的。

(4)教育和培训。

明确现场管理人员及生产工人必须进行的安全教育和安全培训的内容及责任人。

(5)施工过程中的安全控制。

①对安全设施、设备、防护用品的检查验收。

②持证上岗。施工现场的管理人员、特种作业人员必须持证上岗。

③施工现场临时用电。明确施工现场安全用电的技术措施，明确施工现场安全用电的实施要点。

④文明施工。明确文明施工专门管理机构，现场围挡与封闭管理，路面硬化，物料码放，建筑主体立网全封闭，施工废水排放，宿舍、食堂、厕所等生活设施，出入口做法，垃圾管理，施工不扰民，减少环境污染等方面的内容、实施要点及控制点。

⑤基坑支护。明确工程基础施工所采取的基坑支护类型、实施要点及控制点。

⑥模板工程。明确工程模板支撑体系的类型或方式，明确实施要点及控制点。

⑦脚手架。明确适用于工程实际的脚手架的搭设类型，搭拆与使用维护的实施要点及关键重点部位的控制点。

⑧施工机械。施工机械安全控制见表7-3。

表7-3　施工机械安全控制

项目	内容
塔吊、施工升降机管理	明确现场塔吊、施工升降机等大型机械的位置及规格型号、性能等事项；明确大型机械的装拆与使用管理的实施要点、关键部位或程序的控制点
中小型机械的使用	明确现场中小型机械的位置及规格型号、性能等事项；明确中小型机械安装、验收、使用的实施要点与关键部位的控制点

⑨安全防火与消防。明确施工现场重点防火部位及消防措施，主体工程操作面消防措施，防火领导小组、义务消防队员名单。重点关键部位的防火安全责任到人，实行挂牌制度。

⑩项目工会劳动保护。明确项目工会劳动保护的实施要点及控制点。

(6)检查、检验的控制。明确对现场安全设施进行安全检查、检验的内容、程序及检查验收责任人等问题。

(7)事故隐患控制。明确现场控制事故隐患所采取的管理措施。

(8)纠正和预防措施。根据现场实际情况制订预防措施；针对现场的事故隐患进行纠正，并制订纠正措施，明确责任人。

(9)内部审核。建筑业企业应组织对项目经理部的安全活动是否符合安全管理体系文件有关规定的要求进行审核,以确保安全生产管理体系运行的有效性。

(10)奖惩制度。明确施工现场安全奖惩制度的有关规定。

7.2.3 市政工程安全生产管理制度

施工企业的主要安全生产管理制度有:安全生产责任制度,安全生产许可证制度,政府安全生产监督检查制度,安全生产教育培训制度,安全措施计划制度,特种作业人员持证上岗制度,专项施工方案专家论证制度,严重危及施工安全的工艺、设备、材料淘汰制度,施工起重机械使用登记制度,安全检查制度,生产安全事故报告和调查处理制度,"三同时"制度,安全预评价制度,工伤和意外伤害保险制度。

7.2.3.1 安全生产责任制度

安全生产责任制度是最基本的安全管理制度,是所有安全生产管理制度的核心。具体来说,就是将安全生产责任分解到施工单位的主要负责人、项目负责人、班组长以及每个岗位的作业人员身上。安全生产责任制度的主要内容如下:

(1)安全生产责任制度主要包括施工企业主要负责人的安全责任,负责人或其他副职的安全责任,项目负责人的安全责任,生产、技术、材料等各职能管理负责人及其工作人员的安全责任,技术负责人的安全责任,专职安全生产管理人员的安全责任,施工员的安全责任,班组长的安全责任和岗位人员的安全责任等。

(2)项目对各级、各部门安全生产责任制度应规定检查和考核办法,并定期进行考核,对考核结果及兑现情况应有记录。

(3)项目独立承包的工程在签订承包合同中必须有安全生产工作的具体指标和要求。工地由多家施工单位施工时,总承包单位在签订分包合同的同时要签订安全生产合同。分包队伍的资质应与工程要求相符,在安全合同中应明确总分包单位各自的职责,原则上,实行总承包的由总承包单位负责,分包单位向总包单位负责,服从总包单位对施工现场的安全管理。

(4)项目主要工种应有相应的安全技术操作规程,一般包括混凝土、模板、钢筋等工种,特种作业应另行补充。应将安全操作规程列为日常安全活动和安全教育的主要内容,并应悬挂在操作岗位前。

(5)工程项目部专职安全人员的配备应按相关规定:1 万 m^2 以下工程 1 人;1 万~5 万 m^2 的工程不少于 2 人,5 万 m^2 以上的工程不少于 3 人。

总之,企业实行安全生产责任制必须做到在计划、布置、检查、总结、评比生产的同时计划、布置、检查、总结、评比安全工作,只有这样才能建立健全安全生产责任制,做到群防群治。

7.2.3.2 政府安全生产监督检查制度

政府安全生产监督检查制度是指国家法律法规授权的行政部门,代表政府对企业的安全生产过程实施监督管理。

政府安全生产监督检查制度具有特殊的法律地位。执行机构设在行政部门,设置原则、管理体制、职责、权限、监察人员任免均由国家法律法规所确定。职业安全卫生监察机构与被监察对象没有上下级关系，只有行政执法机构和法人之间的法律关系。监察活动既不受行业部门或其他部门的限制，也不受用人单位的约束。

7.2.3.3　安全生产教育培训制度

企业安全生产教育培训一般包括对管理人员、特种作业人员和企业员工的安全教育。

1. 管理人员的安全教育

(1)企业领导的安全教育。

企业法定代表人安全教育的主要内容包括：国家有关安全生产的方针、政策、法律法规及有关规章制度，安全生产管理职责、企业安全生产管理知识及安全文化，有关事故案例及事故应急处理措施等。

(2)项目经理、技术负责人和技术干部的安全教育。

项目经理、技术负责人和技术干部安全教育的主要内容包括：安全生产方针、政策和法律法规，项目经理部安全生产责任，典型事故案例剖析，本系统安全及其相应的安全技术知识。

(3)行政管理干部的安全教育。

行政管理干部安全教育的主要内容包括：安全生产方针、政策和法律法规，基本的安全技术知识，本职的安全生产责任。

(4)企业安全管理人员的安全教育。

企业安全管理人员安全教育的内容应包括：国家有关安全生产的方针、政策、法律法规和安全生产标准，企业安全生产管理、安全技术、职业病知识、安全文件，员工伤亡事故和职业病统计报告及调查处理程序，有关事故案例及事故应急处理措施。

(5)班组长和安全员的安全教育。

班组长和安全员安全教育的内容包括：安全生产法律法规、安全技术及技能、职业病和安全文化的知识，本企业、本班组和工作岗位的危险因素及安全注意事项，本岗位安全生产职责，典型事故案例，事故抢救与应急处理措施。

2. 特种作业人员的安全教育

特种作业人员是指直接从事特种作业的从业人员。特种作业的范围主要有：电工作业、焊接与热切割作业、高处作业、制冷与空调作业、煤矿安全作业、金属非金属矿山安全作业、石油天然气安全作业、冶金(有色)生产安全作业、危险化学品安全作业、烟花爆竹安全作业、安全监管总局认定的其他作业。

(1)特种作业人员安全教育要求。

特种作业人员必须经专门的安全技术培训并考核合格，取得《中华人民共和国特种作业操作证》后方可上岗作业。特种作业人员应当接受与其所从事的特种作业相应的安全技术理论培训和实际操作培训。

(2)取得操作证的特种作业人员，必须定期进行复审。期限除机动车辆驾驶按国家有关规定执行外，其他特种作业人员两年进行一次。凡未经复审者不得继续独立作业。

3. 企业员工的安全教育

企业员工的安全教育主要有新员工上岗前的三级安全教育、改变工艺和变换岗位安全教育、经常性安全教育三种形式。

7.2.3.4 安全检查制度

1. 安全检查的目的

安全检查制度是消除隐患、防止事故、改善劳动条件的重要手段，是企业安全生产管理工作的一项重要内容。通过安全检查可以发现企业及生产过程中的危险因素，以便有计划地采取措施，保证安全生产。

2. 安全检查的方式

安全检查的方式有企业组织的定期安全检查，各级管理人员的日常巡回检查，专业性检查，季节性检查，节假日前后的安全检查，班组自检、交接检查，不定期检查等。

3. 安全检查的内容

安全检查的内容包括：查思想、查制度、查管理、查隐患、查整改、查伤亡事故处理等。安全检查的重点是检查"三违"和安全责任制的落实。检查后应编写安全检查报告，报告应包括以下内容：已达标项目，未达标项目，存在问题，原因分析，纠正和预防措施。

4. 安全隐患的处理程序

对查出的安全隐患，不能立即整改的要制订整改计划，定人、定措施、定经费、定完成日期，在未消除安全隐患前，必须采取可靠的防范措施，如有危及人身安全的紧急险情，应立即停工。应按照"登记—整改—复查—销案"的程序处理安全隐患。

7.2.3.5 安全措施计划制度

安全措施计划制度是指企业进行生产活动时，必须编制安全措施计划，它是企业有计划地改善劳动条件和安全卫生设施、防止工伤事故和职业病的重要措施之一，对企业加强劳动保护、改善劳动条件、保障职工的安全和健康、促进企业生产经营的发展都起着积极作用。

1. 安全措施计划的范围

安全措施计划的范围应包括改善劳动条件、防止事故发生、预防职业病和职业中毒等内容，具体包括：

(1)安全技术措施。

安全技术措施是预防企业员工在工作过程中发生工伤事故的各项措施，包括防护装置、保险装置、信号装置和防爆炸装置等。

(2)职业卫生措施。

职业卫生措施是预防职业病和改善职业卫生环境的必要措施，包括防尘、防毒、防噪声、通风、照明、取暖、降温等措施。

(3)辅助用房间及设施。

辅助用房间及设施是为了保证生产过程安全卫生所必需的房间及一切设施，包括更衣室、休息室、淋浴室、消毒室、妇女卫生室、厕所和冬期作业取暖室等。

(4)安全宣传教育措施。

安全宣传教育措施是为了宣传普及有关安全生产法律法规、基本知识所需要的措施，其主要内容包括安全生产教材、图书、资料，安全生产展览，安全生产规章制度，安全操作方法训练设施，劳动保护和安全技术的研究与试验等。

2. 编制安全措施计划的依据

(1)国家发布的有关职业健康安全政策、法规和标准。

(2)在安全检查中发现的尚未解决的问题。

(3)造成伤亡事故和职业病的主要原因和所采取的措施。

(4)生产发展需要应采取的安全技术措施。

(5)安全技术革新项目和员工提出的合理化建议。

3. 编制安全技术措施计划的一般步骤

(1)工作活动分类。

(2)危险源识别。

(3)风险确定。

(4)风险评价。

(5)制订安全技术措施计划。

(6)评价安全技术措施计划的充分性。

7.2.3.6　生产安全事故报告和调查处理制度

关于生产安全事故报告和调查处理制度,《中华人民共和国安全生产法》《中华人民共和国建筑法》《建设工程安全生产管理条例》《生产安全事故报告和调查处理条例》《特种设备安全监察条例》等法律法规都对此做了相应的规定。

《中华人民共和国安全生产法》第八十条规定:生产经营单位发生生产安全事故后,事故现场有关人员应当立即报告本单位负责人。单位负责人接到事故报告后,应当迅速采取有效措施,组织抢救,防止事故扩大,减少人员伤亡和财产损失,并按照国家有关规定立即如实报告当地负有安全生产监督管理职责的部门,不得隐瞒不报、谎报或者迟报,不得故意破坏事故现场、毁灭有关证据。

《中华人民共和国建筑法》第五十一条规定:施工中发生事故时,建筑施工企业应当采取紧急措施减少人员伤亡和事故损失,并按照国家有关规定及时向有关部门报告。

《建设工程安全生产管理条例》第五十条规定:施工单位发生生产安全事故,应当按照国家有关伤亡事故报告和调查处理的规定,及时、如实地向负责安全生产监督管理的部门、建设行政主管部门或者其他有关部门报告;特种设备发生事故的,还应当同时向特种设备安全监督管理部门报告。接到报告的部门应当按照国家有关规定,如实上报。本条是关于发生伤亡事故时的报告义务的规定。一旦发生安全事故,及时报告有关部门是及时组织抢救的基础,也是认真进行调查分清责任的基础。因此,施工单位在发生安全事故时,不能隐瞒事故情况。

7.2.3.7　"三同时"制度

"三同时"制度是指凡是我国境内新建、改建、扩建的基本建设项目,技术改建项目和引进的建设项目,其安全生产设施必须符合国家规定的标准,必须与主体工程同时设计、同时施工、同时投入生产和使用。

新建、改建、扩建工程的初步设计要经过行业主管部门、安全生产管理部门、卫生部门和工会的审查,同意后方可进行施工;工程项目完成后,必须经过主管部门、安全生产管理行政部门、卫生部门和工会的竣工检验;市政工程项目投产后,不得将安全设施闲置不用,生产设施必须和安全设施同时使用。

7.2.3.8　安全预评价制度

安全预评价是在市政工程项目前期，应用安全评价的原理和方法对工程项目的危险性、危害性进行预测性评价。

开展安全预评价工作，是贯彻落实“安全第一，预防为主，综合治理”方针的重要手段，是企业实施科学化、规范化安全管理的工作基础。科学、系统地开展安全评价工作，不仅直接起到了消除危险有害因素、减少事故发生的作用，有利于全面提高企业的安全管理水平，而且有利于系统地、有针对性地加强对不安全状况的治理与改造，最大限度地降低安全生产风险。

7.2.4　施工安全技术措施

7.2.4.1　施工安全控制

施工安全控制是生产过程中涉及的计划、组织、监控、调节和改进等一系列致力于满足生产安全所进行的管理活动。

1. 安全控制的目标

安全控制的目标是减少和消除生产过程中的事故，保证人员健康安全和财产免受损失。具体应包括：

(1)减少或消除人的不安全行为的目标。

(2)减少或消除设备、材料的不安全状态的目标。

(3)改善生产环境和保护自然环境的目标。

2. 施工安全的控制程序

(1)确定每项具体市政工程项目的安全目标。

按“目标管理”方法在以项目经理为首的项目管理系统内进行分解，从而确定每个岗位的安全目标，实现全员安全控制。

(2)编制市政工程项目安全技术措施计划。

市政工程项目安全技术施工措施计划是对生产过程中的不安全因素，用技术手段加以消除和控制的文件，是落实“预防为主”方针的具体体现，是进行工程项目安全控制的指导性文件。

(3)安全技术措施计划的落实和实施。

安全技术措施计划的落实和实施包括建立健全安全生产责任制，设置安全生产设施，采用安全技术和应急措施，进行安全教育和培训，安全检查，事故处理，沟通和交流信息，通过一系列安全措施的贯彻，使生产作业的安全状况处于受控状态。

(4)安全技术措施计划的验证。

安全技术措施计划的验证是通过施工过程中对安全技术措施计划实施情况的安全检查，纠正不符合安全技术措施计划的情况，保证安全技术措施的贯彻和实施。

(5)持续改进根据安全技术措施计划的验证结果，对不适宜的安全技术措施计划进行修改、补充和完善。

7.2.4.2 施工安全技术措施的一般要求

1. 开工前制订

施工安全技术措施是施工组织设计的重要组成部分,应在工程开工前与施工组织设计一同编制。为保证各项安全设施的落实,在工程图纸会审时,就应特别注意考虑安全施工的问题,并在开工前制订好安全技术措施,使得用于该工程的各种安全设施有较充分的时间进行采购、制作和维护等准备工作。

2. 全面性

按照有关法律法规的要求,在编制工程施工组织设计时,应当根据工程特点制订相应的施工安全技术措施。对于大中型工程项目、结构复杂的重点工程,除必须在施工组织设计中编制施工安全技术措施外,还应编制专项工程施工安全技术措施,详细说明有关安全方面的防护要求和措施,确保单位工程或分部分项工程的施工安全。对爆破、拆除、起重吊装、水下、基坑支护和降水、土方开挖、脚手架、模板等危险性较大的作业,必须编制专项安全施工技术方案。

3. 针对性

施工安全技术措施是针对每项工程的特点制订的,编制安全技术措施的技术人员必须掌握工程概况、施工方法、施工环境、条件等一手资料,并熟悉安全法规、标准等,才能制订有针对性的安全技术措施。

4. 全面、具体、可靠

施工安全技术措施应把可能出现的各种不安全因素考虑周全,制订的对策措施方案应力求全面、具体、可靠,这样才能真正做到预防事故的发生。但是,全面具体不等于罗列一般通常的操作工艺、施工方法以及日常安全工作制度、安全纪律等。这些制度性规定,安全技术措施中不需要再做抄录,但必须严格执行。

对大型群体工程或一些面积大、结构复杂的重点工程,除必须在施工组织总设计中编制施工安全技术总体措施外,还应编制单位工程或分部分项工程安全技术措施,详细地制订出有关安全方面的防护要求和措施,确保该单位工程或分部分项工程的安全施工。

5. 应急预案

由于施工安全技术措施是在相应的工程施工实施之前制订的,所涉及的施工条件和危险情况大都建立在可预测的基础上,而市政工程施工过程是开放的过程,在施工期间的变化是经常发生的,还可能出现预测不到的突发事件或灾害(如地震、火灾、台风、洪水等)。所以,施工技术措施计划必须包括面对突发事件或紧急状态的各种应急设施、人员逃生和救援预案,以便在紧急情况下,能及时启动应急预案,减少损失,保护人员安全。

6. 可行性和可操作性

施工安全技术措施应能够在每个施工工序之中得到贯彻实施,既要考虑保证安全要求,又要考虑现场环境条件和施工技术条件。

结构复杂、危险性大、特性较多的分部分项工程,应编制专项施工方案和安全措施。如基坑支护与降水工程、土方开挖工程、模板工程、起重吊装工程、脚手架工程、拆除工程、爆破工程等,必须编制单项的安全技术措施,并要有设计依据、有计算、有详图、有文字要求。此外,对于危险性大、高温期长的工程,应单独编制季节性的施工安全措施。

7.2.4.3　施工主要安全技术措施

(1)按规定使用“三宝”(安全帽、安全带、安全网)。

(2)机械设备防护装置一定要齐全有效。

(3)塔吊等起重设备必须有限位装置,不准带“病”运转,不准超负荷作业,不准在运转中维修保养。

(4)架设电线时,线路必须符合当地电业局的规定,电气设备全部接地接零。

(5)电动机械和电动手持工具要设漏电掉闸装置。

(6)脚手架材料及脚手架的搭设必须符合规程要求。

(7)各种缆风绳及其设备必须符合规程要求。

(8)在建工程的楼梯口、电梯口、预留洞口、通道口必须有防护设施。

(9)严禁穿高跟鞋、拖鞋,赤脚进入施工场地。高空作业不准穿硬底和带钉易滑的鞋靴。

(10)施工现场的悬崖、陡坎等危险地区应有警戒标志,夜间要红灯示警。

7.2.4.4　安全技术交底

1. 安全技术交底的要求

(1)项目经理部必须实行逐级安全技术交底制度,纵向延伸到班组全体作业人员。

(2)技术交底必须具体、明确,针对性强。

(3)技术交底的内容应针对分部分项工程施工中给作业人员带来的潜在危险因素和存在问题。

(4)应优先采取新的安全技术措施。

(5)对于涉及“四新”(新材料、新设备、新工艺、新技术)项目或技术含量高、技术难度大的单项技术设计,必须经过两阶段技术交底,即初步设计技术交底和实施性施工图技术设计交底。

(6)应将工程概况、施工方法、施工程序、安全技术措施等向工长、班组长进行详细交底。

(7)定期向由两个以上作业队和多工种进行交叉施工的作业队伍进行书面交底。

(8)保存书面安全技术交底签字记录。

2. 安全技术交底的内容

安全技术交底是一项技术性很强的工作,对于贯彻设计意图、严格实施技术方案、按图施工、循规操作、保证施工质量和施工安全至关重要。

安全技术交底主要内容主要包括:本施工项目的施工作业特点和危险点,针对危险点的具体预防措施,应注意的安全事项,相应的安全操作规程和标准,发生事故后应及时采取的避难和急救措施。

3. 认真做好安全技术交底和检查落实

(1)工程开工前,工程负责人应向参加施工的各类人员认真进行安全技术措施交底,使大家明白工程施工特点及各时期安全施工的要求,这是贯彻施工安全技术措施的关键。施工单位安全负责人核对现场安全技术措施是否符合施工方案的要求,若存在漏洞不可开工,应对措施进行完善,直至符合要求方可开工。

(2)施工过程中,现场管理人员应按施工安全措施要求,对操作人员进行详细的安全技术措施交底,使全体施工人员懂得各自岗位职责和安全操作方法,这是贯彻施工方案中安全措施的规范的过程。

(3)安全技术交底要结合规程及安全施工的规范标准进行,避免口号式、无针对性的交底,并认真履行交底签字手续,以提高接受交底人员的责任心。同时要经常检查安全措施的贯彻落实情况,纠正违章,使措施方案始终得到贯彻执行,达到既定的施工安全目标。

做好安全技术交底,让一线作业人员了解和掌握该作业项目的安全技术操作规程和注意事项,减少因违章操作而导致的事故。同时,做好安全技术交底也是安全管理人员自我保护的手段。

7.2.5　安全事故的预防与处理

7.2.5.1　安全事故原因

在分析事故时,应从直接原因入手,逐步深入到间接原因,从而掌握事故的全部原因。再分清主次,进行责任分析。事故的直接原因主要有以下两大方面:

(1)人的行为因素。由于主观上的不重视和无知,造成不安全事故的发生,即违章指挥、违章作业、违反劳动纪律的“三违”现象,引发事故。这种情况往往发生在施工现场,由于施工者本人和现场管理人员自身,安全防护意识和自我保护意识淡薄、职业技能低下、行为不规范等,导致在安全设施完备的情况下发生了安全事故。

(2)物的状态因素。主要表现是施工现场的防护设施设置不到位;安全投入严重不足;技术装备水平陈旧不规范,安全技术措施不能完全到位等。

7.2.5.2　安全事故的预防

通过以上对安全事故原因归纳和分析,安全事故的预防可以从以下几个方面入手:

(1)控制人的行为。企业要严格执行三级教育制度,使人的行为符合安全规范。根据不同层次和对象,采用多种多样的教育培训方式,制订相应的教育培训措施,提高施工者和安全管理人员的安全素质。对全体从业人员要定期和不定期地组织学习安全方面的有关标准及常用知识,强化全体从业人员安全生产的教育培训、职业技能培训和安全意识,使从业人员增强安全操作和施工水平,提高全体从业人员安全意识,提高企业管理人员的安全管理水平,从根本上解决人的行为的不安全因素,保证生产安全,降低事故的发生。

(2)加强施工企业安全保障体系。只有施工企业拥有健全的安全保障体系,才能保证物的安全状态。安全生产现场管理的目的,是保护施工现场的人身安全和设备安全,要达到这个目的,就必须强调按规定的标准去管理,逐步建立起自我约束、不断完善的安全生产管理体制。禁止使用危及安全生产的落后工艺和设备,依靠科技进步用先进技术改造传统产业。同时,主动加强与规划、设计、监理等机构的联系与沟通,及时排除可能出现的每一个隐患,使现场安全防护的各个重点环节和部位都有技术做保障,有效地控制事故的发生。

(3)加强法制管理。要强化政府部门安全监管,按照建设工程安全生产管理条例,通过建立安全生产行政许可制度,从根本上严格市场准入制度。各级建设行政主管部门要加强检查和监管的力度,针对安全监管薄弱环节和管理漏洞进行重点检查,督促施工企业制定有利于加强安全生产工作的各项规章制度和政策措施，发现违法违规行为和安全事故隐患要限期整改，对违反安全生产法律法规的企业和发生重大安全事故的企业要实行严肃查处，并落实到主要负责人，加大责任追究力度，提高其违法成本。设计单位必须根据有关法律规定和工程建设强制性标准进行设计，以防由于设计不合理而导致的安全生产事故。

(4)成立安全研究机构。把科技进步纳入安全工作的范畴之中，全面提升施工安全的现代化水平。针对有关安全生产的关键性、综合性的科技问题开展科技攻关，研究并开发新的安全用具、施工工艺、方法等，推广科技成果，对研发及推广新的安全技术、新的工艺、新的材料、新的设备的单位，在政策上给予支持，最终使得主管部门的安全管理水平和施工企业的安全操作水平全面提高，从而全面提升施工安全的技术水平，减少安全事故的发生。

7.2.5.3　安全事故的处理要求

(1)处理时效要求。伤亡事故处理工作应当在 90 日内结案，特殊情况不应超过 180 日。伤亡事故处理结案后，应当公开宣布处理结果。

(2)隐瞒不报、谎报处理要求。在伤亡事故发生后隐瞒不报、谎报、故意推迟不报、故意破坏事故现场，或者以不正当理由拒绝接受调查，以及拒绝提供有关情况和资料的，由有关部门按照国家有关规定，对有关单位负责人和直接责任人员给予行政处分；构成犯罪的，由司法机关依法追究其刑事责任。

(3)责任追究要求。事故调查组提出的事故处理意见和防范措施建议，由发生事故的企业和主管部门负责处理。因忽视安全生产、违章指挥、违章作业、玩忽职守或发现事故隐患、危害情况不采取有效措施抑制而造成伤亡事故的，由企业主管部门或者企业按照国家有关规定，对企业负责人和直接责任人员给予行政处分；构成犯罪的，由司法机关依法追究其刑事责任。

7.2.5.4　安全事故处理的程序

安全事故处理的程序如表 7-4 所示。

表 7-4　安全事故处理程序

安全事故处理程序	事故上报	事故发生后，事故现场有关人员应当立即向本单位负责人报告；单位负责人接到报告后，应当于 1 小时内向事故发生地县级以上人民政府安全生产监督管理部门和负有安全生产监督管理职责的有关部门报告。报告内容应包括：事故发生单位概况，事故发生时间、地点以及事故现场情况，事故发生的简要经过，事故已经造成或可能造成的伤亡人数和初步估计的直接经济损失，已经采取的措施，其他应当报告的情况
	事故调查	事故发生单位的负责人和有关人员在事故调查期间不得擅离职守，并应当随时接受事故调查组的询问，如实提供有关情况
	事故处理	重大事故、较大事故、一般事故，负责事故调查的人民政府应当自收到事故调查报告之日起 15 日内做出批复；特别重大事故，30 日内做出批复，特殊情况下，批复时间可以适当延长，但延长时间最长不超过 30 日。事故处理的情况由负责事故调查的人民政府或者其授权的有关部门、机构向社会公布，依法应当保密的除外

续表 7-4

安全事故处理程序	责任人处理	有关机关应当按照人民政府的批复,依照法律、行政法规规定的权限和程序,对事故发生单位和有关人员进行行政处罚,对负有事故责任的国家工作人员进行处分;事故发生单位应当按照负责事故调查的人民政府的批复,对本单位负有事故责任的人员进行处理,负有事故责任的人员涉嫌犯罪的,依法追究其刑事责任

7.3　施工现场环境管理

7.3.1　施工现场管理的意义

施工现场管理是指对批准占用的施工场地进行科学安排、合理使用,并与周围环境保持和谐关系。该场地既包括红线以内占用的建筑用地和施工用地,又包括红线以外现场附近经批准占用的临时施工用地。

施工现场管理好坏直接影响到施工活动能否正常进行,因此加强施工现场管理具有重要意义。任何与施工现场管理发生联系的单位都应注重工程施工现场管理。每一个在施工现场从事施工和管理工作的人员,都应当有法制观念,执法、守法、护法,不能有半点疏忽。

7.3.2　施工现场管理的内容

施工现场管理主要包括以下几个方面的内容:

(1)施工用地。

首先要保证场内占地的合理使用。当场内空间不充分时,应会同建设单位按规定向规划部门和公安交通部门申请,经批准后才能获得并使用场外临时施工用地。

(2)施工总平面设计。

施工组织设计是工程施工现场管理的重要内容和依据,尤其是施工总平面设计,目的就是对施工现场进行科学规划,以合理利用空间。在施工总平面图上,临时设施、大型机械、材料堆场、物资仓库、构件堆场、消防设施、道路及进出口、加工场地、水电管线、周转使用场地等,都应各得其所,关系合理合法,从而呈现出现场文明,有利于安全和环境保护,有利于节约,方便工程施工。

(3)施工现场的平面布置。

不同的施工阶段,施工的需要不同,现场的平面布置亦应进行调整。当然,施工内容变化是主要原因;另外分包单位也随之变化,他们也对施工现场提出新的要求。因此,不应当把施工现场当成一个固定不变的空间组合,而应当对它进行动态的管理和控制,但是调整也不能太频繁,以免造成浪费。一些重大设施应基本固定,调整的对象应是耗费不大的、规模小的设施,或功能失去作用的设施,代之以满足需要的设施。

(4)施工现场使用现场管理人员应经常检查现场布置是否按平面布置图进行,是否符合各项规定,是否满足施工需要,还有哪些薄弱环节,从而为调整施工现场布置提供有用的信息,也使施工现场保持相对稳定,不被复杂的施工过程打乱或破坏。

(5)文明施工。

施工现场和临时占地范围内秩序井然,文明安全,环境得到保持,绿地树木不被破坏,交通畅达,文物得以保存,防火设施完备,居民不受干扰,场容和环境卫生均符合要求。工地的主要出入口处应设置醒目的“五牌一图”,并公示:工程概况、安全生产与文明施工、安全纪律、施工平面图、防火须知、项目经理部组织机构及主要管理人员名单等内容。

工地周围须设置遮挡围墙。围墙应用混凝土预制板或砖砌筑,封闭严密,并粉刷涂白,保持整洁完整。施工现场的场区应干净整齐,施工现场的预留洞口、通道口和构筑物临边部位应当设置整齐、标准的防护装置,各类警示标志设置明显。施工作业面应当保持良好的安全作业环境,余料及时清理、清扫,禁止随意丢弃。

施工现场的施工区、办公区、生活区应当分开设置,实行区划管理。生活、办公设施应当科学合理布局,并符合城市环境、卫生、消防安全及安全文明施工标准化管理的有关规定。

此外,施工现场材料应文明堆放;临时宿舍、食堂、厕所及排水设置应符合卫生和居住等相关要求;临街或人口密集区的建筑物,应设置防止物体坠落的防护性设施;在施工现场应当配备符合有关规定要求的急救人员、保健医药箱和急救器材。

建立文明施工现场有利于提高工程质量和工作质量,提高企业信誉。为此,应当做到主管挂帅,系统把关,普遍检查,建章建制,责任到人,落实整改,严明奖惩。

7.3.3　施工现场文明施工

7.3.3.1　文明施工的意义

文明施工是指保持施工现场良好的作业环境、卫生环境和工作秩序。因此,文明施工也是保护环境的一项重要措施。

(1)文明施工可以适应现代化施工的客观要求,遵守施工现场文明施工的规定和要求,有利于员工的身心健康。

(2)文明施工有利于培养和提高施工队伍的整体素质,促进企业综合管理水平的提高,提高企业的知名度和市场竞争力。

(3)规范施工现场的场容,保持作业环境的整洁卫生,可以减少施工对周围居民和环境的影响。

7.3.3.2　文明施工的措施

文明施工的要求主要包括对现场围挡、封闭管理、施工场地、材料堆放、现场住宿、现场防火、治安综合治理、施工现场标牌、生活设施、保健急救、社区服务11个方面。针对以上要求,施工现场通常从以下几个方面分别采取一定的措施来保证文明施工。

1.施工平面布置

施工总平面图是现场管理、实现文明施工的依据。施工总平面图应对施工机械设备、材料和构配件的堆场、现场加工场地,以及现场临时运输道路、临时供水供电线路和其他临时设施进行合理布置,并随工程实施的不同阶段进行场地布置和调整。

2. 现场围挡、标牌

(1)施工现场须实行封闭管理,设置进出口大门,制定门卫制度,严格执行外来人员进场登记制度。沿工地四周连续设置围挡,市区主要路段和其他涉及市容景观路段的工地设置围挡的高度不低于2.5 m,其他工地的围挡高度不低于1.8 m,围挡材料要求坚固、稳定、统一、整洁、美观。

(2)施工现场必须设有“五牌一图”,即工程概况牌、管理人员名单及监督电话牌、消防保卫(防火责任)牌、安全生产牌、文明施工牌和施工现场总平面图。

(3)施工现场应合理悬挂安全生产宣传和警示牌,标牌悬挂牢固可靠,特别是主要施工部位、作业点和危险区域以及主要通道口都必须有针对性地悬挂醒目的安全警示牌。

3. 施工场地

施工现场应积极推行硬地坪施工,作业区、生活区主干道地面必须用一定厚度的混凝土硬化,场内其他道路地面也应进行硬化处理;施工现场道路畅通、平坦、整洁,无散落物;施工现场设置排水系统,排水畅通,不积水;严禁泥浆、污水、废水外流或未经允许排入河道,严禁堵塞下水道和排水河道;施工现场适当地方设置吸烟处,作业区内禁止随意吸烟;积极美化施工现场环境,根据季节变化,适当进行绿化布置。

4. 材料堆放、周转设备管理

建筑材料、构配件、料具必须按施工现场总平面布置图堆放,布置合理,堆放(存放)整齐、安全,不得超高;堆料分门别类,悬挂标牌,标牌应统一制作,标明名称、品种、规格数量等;建立材料收发管理制度,仓库、工具间材料堆放整齐,易燃易爆物品分类堆放,专人负责,确保安全;施工现场建立清扫制度,落实到人,做到工完料尽场地清,车辆进出场应有防泥带出措施。建筑垃圾及时清运,临时存放现场的也应集中堆放整齐、悬挂标牌。不用的施工机具和设备应及时出场;施工设施、大模板、砖夹等,集中堆放整齐,大模板成对放稳,角度正确。钢模及零配件、脚手扣件分类分规格,集中存放。竹木杂料,分类堆放、规则成方,不散不乱,不作他用。

5. 现场生活设施

(1)施工现场作业区与办公区、生活区必须明显划分,确因场地狭窄不能划分的,要有可靠的隔离栏防护措施。

(2)宿舍内应确保主体结构安全,设施完好。宿舍周围环境应保持整洁、安全。

(3)宿舍内应有保暖、消暑、防煤气中毒、防蚊虫叮咬等措施。严禁使用煤气灶、煤油炉、电饭煲、热得快、电炒锅、电炉等器具。

(4)食堂应有良好的通风和洁卫措施,保持卫生整洁,炊事员持健康证上岗。

(5)建立现场卫生责任制,设卫生保洁员。

(6)施工现场应设固定的男、女简易淋浴室和厕所,保证结构稳定、牢固和防风雨,并实行专人管理、及时清扫,保持整洁,要有灭蚊蝇滋生措施。

6. 现场消防、防火管理

(1)现场建立消防管理制度,建立消防领导小组,落实消防责任制和责任人员,做到思想重视、措施跟上、管理到位。

(2)定期对有关人员进行消防教育,落实消防措施。

(3)现场必须有消防平面布置图,临时设施按消防条例有关规定搭设,做到标准规范。

(4)易燃易爆物品堆放间、油漆间、木工间、总配电室等消防防火重点部位要按规定设置灭火器和消防沙箱,并有专人负责,对违反消防条例的有关人员进行严肃处理。

(5)施工现场用明火做到严格按动用明火规定执行,审批手续齐全。

7.医疗急救的管理

展开卫生防病教育,准备必要的医疗设施,配备经过培训的急救人员,有急救措施、急救器材和保健医药箱。在现场办公室的显著位置张贴急救车和有关医院的电话号码等。

8.社区服务的管理

制订施工不扰民的措施。现场不得焚烧有毒、有害物质等。

9.治安管理

建立现场治安保卫领导小组,有专人管理;新入场的人员做到及时登记,做到合法用工;按照治安管理条例和施工现场的治安管理规定搞好各项管理工作;建立门卫值班管理制度,严禁无证人员和其他闲杂人员进入施工现场,避免安全事故和失盗事件的发生。

7.3.3.3 施工现场环境保护措施

保护和改善作业现场的环境,控制现场的各种粉尘、废水、废气、固体废弃物、噪声、振动等对环境的污染和危害,对企业发展、员工健康和社会文明有重要意义。《中华人民共和国环境保护法》和《中华人民共和国环境影响评价法》针对市政工程项目中环境保护的基本要求做出了相关规定。

工程建设过程中的污染主要包括对施工场界内的污染和对周围环境的污染。对施工场界内的污染防治属于职业健康安全问题,而对周围环境的污染防治是环境保护问题。

市政工程环境保护措施主要包括大气污染的防治、水污染的防治、噪声污染的防治、固体废弃物的处理,以及文明施工措施等。

1.施工现场空气污染的防治措施

(1)施工现场垃圾渣土要及时清理出现场。

(2)高大建筑物清理施工垃圾时,要使用封闭式的容器或者采取其他措施处理高空废弃物,严禁凌空随意抛撒。

(3)施工现场道路应指定专人定期洒水清扫,形成制度,防止道路扬尘。

(4)对于细颗粒散体材料(如水泥、粉煤灰、白灰等)的运输、储存,要注意遮盖、密封,防止和减少扬尘。

(5)车辆开出工地要做到不带泥沙,基本做到不洒土、不扬尘,减少对周围环境污染。

(6)除设有符合规定的装置外,禁止在施工现场焚烧油毡、橡胶、塑料、皮革、树叶、枯草、各种包装物等废弃物品,以及其他会产生有毒有害烟尘和恶臭气体的物质。

(7)机动车都要安装减少尾气排放的装置,确保符合国家标准。

(8)工地茶炉应尽量采用电热水器。若只能使用烧煤茶炉和锅炉,应选用消烟除尘型茶炉和锅炉,大灶应选用消烟节能回风炉灶,使烟尘降至允许排放范围。

(9)大城市市区的市政工程已不容许搅拌混凝土。在容许设置搅拌站的工地,应将搅拌站封闭严密,并在进料仓上方安装除尘装置,采取可靠措施控制工地粉尘污染。

(10)拆除旧建筑物时,应适当洒水,防止扬尘。

2. 施工过程水污染的防治措施

(1)禁止将有毒有害废弃物做土方回填。

(2)施工现场搅拌站的废水、现制水磨石的污水、电石(碳化钙)的污水必须经沉淀池沉淀合格后再排放,最好将沉淀水用于工地洒水降尘或采取措施回收利用。

(3)现场存放油料,必须对库房地面进行防渗处理,如采取防渗混凝土地面、铺油毡等措施。使用时,要采取防止油料跑、冒、滴、漏的措施,以免污染水体。

(4)施工现场100人以上的临时食堂,污水排放时可设置简易有效的隔油池,定期清理,防止污染。

(5)工地临时厕所、化粪池应采取防渗漏措施。中心城市施工现场的临时厕所可采用水冲式厕所,并有防蝇灭蛆措施,防止污染水体和环境。

(6)化学用品、外加剂等要妥善保管,库内存放,防止污染环境。

3. 施工现场噪声的控制措施

噪声控制技术可从声源控制、传播途径控制、接收者防护等方面来考虑。

(1)声源控制。

尽量采用低噪声设备和加工工艺代替高噪声设备与加工工艺,如低噪声振捣器、风机、电动空压机、电锯等;在声源处安装消声器消声,即在通风机、鼓风机、压缩机、燃气机、内燃机及各类排气放空装置等进出风管的适当位置设置消声器。

(2)传播途径控制。

主要从吸声材料、隔声结构、消声器及减振降噪三个方面来阻止噪声的传播。

(3)接收者防护。

首先,尽量减少相关人员在噪声环境中的暴露时间;其次,让处于噪声环境下的人员使用耳塞、耳罩等防护用品,以减轻噪声对人体的危害。

(4)严格控制人为噪声。

进入施工现场不得高声喊叫、无故甩打模板、乱吹哨,限制高音喇叭的使用,最大限度地减少噪声扰民;凡在人口稠密区进行强噪声作业时,须严格控制作业时间,一般晚10点到次日早6点之间停止强噪声作业。

4. 固体废弃物的处理和处置

固体废弃物处理的基本思想是:采取资源化、减量化和无害化的处理,对固体废物产生的全过程进行控制。固体废物的主要处理方法包括回收利用、减量化处理、焚烧、稳定和固化、填埋。

本章小结

本章介绍了职业健康安全的基本理论知识,重点阐述了安全生产管理的内容、安全生产管理制度,总结了施工安全技术措施;介绍了施工现场管理的一般要求、施工现场管理的内容及施工现场的文明施工。

学生在学习过程中,应注意理论联系实际,通过解析案例,初步掌握理论知识,提高实践动手能力。

思考题

1. 何谓安全生产管理？安全生产管理涉及哪些内容？
2. 建立安全生产管理体系的原则有哪些？
3. 简述施工安全生产管理的内容。
4. 简述项目环境管理的内容。
5. 简述现场文明施工管理的内容。
6. 施工现场生产各级安全责任有哪些？
7. 施工现场的不安全因素有哪些？
8. 施工现场的安全教育形式有哪些？
9. 简述施工现场安全检查的主要内容。
10. 施工临时用电安全管理要求有哪些？
11. 现场防火安全管理要求有哪些？
12. 试述安全事故处理的程序。
13. 试述施工现场事故应急救援措施。

第 8 章　市政工程项目信息化管理

案例导入：

随着建筑市场的发展，工程项目的规模越来越大，功能越来越复杂、专业分工越来越细，参与的单位和人员构成也越来越庞杂，建筑企业越来越重视信息化管理。

在此形势下，为了提高工程项目信息管理的现代化水平，市政工程项目经理部应采取哪些应对措施？市政工程项目管理者应该具备哪些方面的项目管理信息基础知识？

8.1　市政工程项目信息化管理概述

近几年中，由于计算机技术发展得越来越迅速，市政工程项目中信息技术的应用也变得广泛起来。尤其是针对施工项目的管理，工程资料管理软件、施工进度计划管理软件等各大专业管理软件受到广泛青睐，越来越多的施工单位已经开始使用集成化的施工项目信息化管理系统实施施工项目的管理。在激烈竞争的市场压力下，市政工程项目的管理更要与时代接轨，与国际接轨，向新时代的信息化管理转型，建设规范化、科学化、系统化、自动化的市政工程项目管理势在必行。

8.1.1　市政工程项目信息化管理的概念及特点

8.1.1.1　市政工程项目信息化管理的概念

市政工程项目投入资金较大，经过一系列相关程序，包括立项、决策、实施等，其目标为形成一种预计的固定资产。这是一个一次性的过程，项目从生命周期来看，主要可以分为决策、实施和运营三个阶段。市政工程项目信息则包括在这个一次性的项目整个生命周期内所涉及的所有与工程项目管理有关的管理制度、组织机构、技术开发、经济形势等各种信息，这些信息是项目是否可以进行投资、生产、决策的最重要的基础依据，可以表现为不同的文本、图像、报表、数字等形式。项目相关的各组织之间也通过这些信息进行相互联系，从而协调各自的工作实现项目的最终预期效益。

8.1.1.2　市政工程项目信息化管理的特点

市政工程项目信息有着一般信息所拥有的普遍性特点，还有着一些特殊的性质，包括以下五个方面：

（1）信息量巨大。

（2）多信息源、多存储点。

（3）非结构化信息比例大。

（4）信息动态持续变化。

（5）信息时空差异大。

8.1.1.3 市政工程项目信息化管理

市政工程项目信息化管理涉及的面广、技术水平高。因此,对于市政工程的管理必须抛弃传统的模式化管理,运用灵活性的信息化管理方式,这样才能持续改善和提高市政工程的管理质量。

(1)规范市政工程的交易活动,实行信息公开制度。

(2)鼓励企业正当竞争行为,建立信用数据库。

(3)提高市政工程的管理效率,应用信息系统进行招标投标。

(4)促进市政工程市场的公平公正性,建立专家匿名随机咨询系统。

(5)规范市政工程项目的招标投标活动,对招标结果进行网络公示。

(6)进一步实现信息资源共享,建立统一市政工程资源共享平台。

(7)加强服务市场的能力,提高先进信息技术服务水平。

8.1.2 市政工程项目信息化管理体系建立

(1)建立统一的市政工程信息系统。

(2)建立信息化市政工程管理三大子系统。

市政工程信息化建设应该着手建设三大系统:一是市政工程设计、施工的技术和控制系统;二是市政工程标准、行业管理、工程管理、企业管理的信息系统;三是市政工程基于互联网的方案优选、施工招标投标、材料设备采购、人才招聘的企业商务贸易信息系统。

(3)市政工程项目信息化的准备工作:

①提高对信息化管理的认识。

②构建工程管理信息化系统平台。

③采用相应的市政工程管理软件。

④发展工程管理信息化人才队伍。

8.1.3 工程项目信息化管理系统构建原则

(1)安全性。要求网络系统应具有非常高的安全性,必须具有网络监督和管理的能力。

(2)通用性。网络选用的协议和设备均符合国际标准或工业标准,将不同应用环境和不同的网络优势有机地结合起来。

(3)先进性。网络采用国际先进的技术,确保本网络达到国内同行业的领先水平。

(4)拓展性。适应外界环境变化的能力,即在外界环境改变时,网络可以不做修改或做少量设置修改就能在新环境下运行。同时建立开放式的数据接口,支持其他厂商的工程应用软件在网络化工程管理系统中运行。

(5)可维护性。整个网络运行稳定、易于维护。网络的执行文件与数据文件分离。网络能检测文件系统的完备性,并提供数据库文件备份及恢复的功能模块。

(6)经济性。用最少的投资办好最多的事情,充分利用现有资源,使各部门已有的各种软件、硬件资源在本网络中得到充分利用,以保护原有投资。

8.2　市政工程项目信息化管理要求

8.2.1　信息处理要求及方式

8.2.1.1　信息处理要求

要使信息能有效地发挥作用,在处理信息的过程中要做到快捷、准确、适用、经济。

(1)快捷。信息的处理速度要快,要能够及时处理完对工程项目进行动态管理所需要的大量信息。

(2)准确。在信息处理的过程中,必须做到去伪存真,使经处理后的信息能客观、如实地反映实际情况。

(3)适用。经处理后的信息必须能满足工程项目管理工作的实际需要。信息经过处理后,各级管理人员能得心应手地随时使用。

(4)经济。指信息处理采用什么样的方式,才能达到取得最大的经济效果的目的。

8.2.1.2　信息处理方式

信息处理方式一般有三种,即手工处理方式、机械处理方式和计算机处理方式。

(1)手工处理方式。

手工处理方式适用于工程量不大、内容单一、信息量较少的项目,尤其在固定信息较多时适用。

(2)机械处理方式。

机械处理方式是利用机械、工具进行数据加工和信息处理的一种方式。

(3)计算机处理方式。

计算机处理方式是利用计算机进行信息处理的方式。计算机可以接收、存储大量的信息资料,而且可按照人们事先编好的程序,自动、快速地对信息进行深度处理和综合加工,并输出多种满足不同管理层次需要的处理结果,同时可根据需要对信息进行快速检索和传输。

因此,要做好工程项目管理工作中的信息处理工作,必须借助计算机这一现代化工具来完成。市政工程信息管理贯穿于市政工程全过程,衔接市政工程的各个阶段、各个参与单位。其基本的环节有:信息的收集、传递、整理、检索、分发、存储。

8.2.2　市政工程信息的收集及加工整理

8.2.2.1　市政工程信息的收集

市政工程信息根据所处阶段,收集的内容主要包括以下几个方面。

1.决策阶段的信息收集

项目决策阶段的信息收集主要包括:与项目相关市场方面的信息,与项目资源相关方面的信息,自然环境方面的信息,新技术、新设备、新工艺、新材料、专业配套能力方面的信息,以及政治环境、社会治安状况,当地法律、政策、教育方面的信息。

2. 设计阶段的信息收集

设计阶段信息的收集主要包括:可行性研究报告、前期相关的文件资料、存在的疑点、建设单位的意图、建设单位的前期准备和项目审批完成情况;同类工程相关信息,包括建设规模、结构形式、造价构成,工艺设备的选型,地质处理方式以及效果,建设工期,采用新材料、新工艺、新设备、新技术的实际效果以及存在的问题,技术经济指标;拟建工程所在地的相关信息,包括地质、水文、地形、地貌、地下埋设和人防设施,城市拆迁政策和拆迁户数,青苗补偿,水、电、气的接入点,周围建筑、交通、学校、医院、商业、绿化、消防、排污等;勘察、测量、设计单位的信息,包括同类工程的完成情况,实际效果,完成该工程的能力,人员构成,设备投入,质量管理体系完善情况,创新能力,收费情况,施工期技术服务主动性,处理发生问题的能力,设计深度和技术文件的质量,专业配套能力,设计概算和施工图预算的编制能力,合同履约的情况,采用新技术、新设备的情况;工程所在地政府相关信息,包括国家和地方政策、法律法规、规范、规程、环保政策、政府服务情况和限制等;设计进度计划、质量保证体系,合同执行情况,偏差产生的原因,纠偏措施,专业设计交接情况,执行规范、规程、技术标准,特别是强制性条文执行情况,设计概算和施工图预算的编制和执行情况,设计超限额的原因,各设计工序对投资的控制情况等。

3. 施工招标投标阶段的信息收集

施工招标投标阶段信息的收集主要包括:工程地质、水文地质勘察报告,审批报告,设计概算,施工图设计及施工图预算,该市政工程有别于其他工程的技术要求、材料、设备、工艺、质量等有关方面的信息;建设单位前期工作的有关文件,包括立项文件,建设用地、征地、拆迁许可文件等;工程造价信息;施工单位的技术、管理水平、质量保证体系;本工程使用的规范、规程、技术标准;工程所在地有关招标投标的规定,国际招标、国际贷款制定的适用范本、合同条件等;工程所在地招标代理机构的能力、特点,招标管理机构及管理程序;本工程采用的新技术、新材料、新设备、新工艺,投标单位对这"四新"的了解程度、经验、措施和处理能力。

4. 施工阶段的信息收集

施工阶段的信息收集可以分为施工准备、施工、竣工保修等三个阶段。

(1)施工准备阶段。

施工准备阶段信息的收集主要包括:监理大纲,施工图设计及施工图预算,工程结构特点,工艺流程特点,设备特点,施工合同体系等;施工单位项目部的组成情况,进场设备的规格、型号、保修记录,施工场地的准备情况,施工单位的质量保证体系,施工组织设计,特殊工程的技术方案,承包单位和分包单位情况等;市政工程场地的工程地质、水文、气象情况,地上、地下管线,地上、地下原有建筑物情况,建筑红线、标高、坐标,水、电、气的标志等;施工图会审记录以及技术交底资料,开工前监理交底记录,对施工单位提交的开工报告的批准情况;与本工程有关的建筑法律法规、规范、规程等。

(2)施工阶段。

施工阶段信息的收集主要包括:施工单位人员、设备、水、电、气等能源的动态信息;施工阶段气象的中长期趋势以及历史同期的数据;建筑原材料、半成品、成品、构配件等工程物资进场、加工、保管、使用信息;项目经理部的管理资料,质量、进度、投资的控制措施,数据采集、处理、存储、传递方式,工序交接制度,事故处理制度,施工组织设计执行情况,工地文明施工及安全措施;施工中需要执行的国家和地方规范、规程、标准,施工合同执行情况;施工中地基验槽及处理记录,工序交接记录,隐蔽工程检查记录等;建筑材料试验的相关信息;设备安装试运行和测试的相关信息;施工索赔的相关信息,包括索赔程序、索赔依据、索赔处理意见等。

(3)竣工保修阶段。

竣工保修阶段信息的收集主要包括:工程准备阶段的有关文件,如立项文件,建设用地、征地、拆迁文件,开工审批文件;监理文件,包括监理规划,监理实施细则,有关质量问题和质量事故处理的相关记录,监理工作总结,以及监理过程中的各种控制和审批文件;施工资料;竣工图;竣工验收资料等。

以上信息收集一般可采取现场记录、会议记录、计量与支付记录、试验记录、现场照片和录像等方法。

8.2.2.2　信息的加工整理

信息的加工整理是对收集的大量原始信息进行筛选、分类、排序、压缩、分析、比较、计算使用的过程。面对收集来的大量信息,首先应对市政工程项目信息进行归类。

1. 按市政工程项目管理工作的任务划分

(1)成本控制信息。如项目的成本计划、施工任务单、限额领料单、施工定额、对外分包经济合同、成本统计报表、原材料价格、机械设备台班费、人工费、运杂费等。

(2)质量控制信息。如国家或地方政府部门颁布的有关质量政策、法令、法规和标准等,质量目标的分解图表、质量控制的工作流程和工作制度、质量管理体系的组成、质量抽样检查的数据、各种材料设备的合格证、质量证明书、检测报告等。

(3)进度控制信息。如项目进度计划、进度控制的工作流程和工作制度、进度目标的分解图表、材料和设备的到货计划、各分项分部工程的进度计划、进度记录等。

(4)合同管理信息。如合同文件、补充协议、变更记录、工程签证、往来函件、会议纪要、书面指令及通知、验收报告等。

2. 按市政工程项目管理的工作流程划分

(1)计划信息。如要完成的各项指标、上级组织的有关计划、项目管理实施规划等。

(2)执行信息。如计划交底、指示、命令等。

(3)检查信息。如工程的实际进度,成本、质量等的实施状况。

(4)处置信息。如各项调整措施、意见、改进的办法和方案等。

3. 按市政工程项目管理的信息来源划分

(1)内部信息。内部信息取自工程项目本身,如工程概况、项目的成本目标、质量目标和进度目标、施工方案、施工进度、施工完成的各项技术经济指标、资料管理制度、项目经理部的组织等。

(2)外部信息。来自工程项目外部其他单位及外部环境的信息、称为外部信息。如国家有关的政策及法规、国内及国际市场上原材料及设备价格、物价指数、类似工程的进度计划等。

4. 按市政工程项目信息的稳定程度划分

(1)固定信息。指在一定的时间内相对稳定的信息，分为标准信息（如各种定额和标准）、计划信息、查询信息（如各项施工现场管理制度）三种。

(2)动态信息。指在不断变化的信息。如质量、成本、进度的统计信息，反映在某一时刻项目的实际进展及计划完成的信息等。再如原材料消耗量，机械台班数、人工工日数等，也属于动态信息。

(3)按照信息范围的不同，可以把信息划分为精细的信息和摘要的信息。

(4)按照信息的时间不同，可以把信息划分为历史性信息、即时性信息和预测性信息。

(5)按照对信息的期待性不同，可以把信息划分为可预知信息和突发信息。

通过对信息进行加工整理，将信息聚集分类，使之标准化、系统化，经过对收集资料真实程度、准确程度的比较与鉴别，剔除错误的信息，获得正确的信息，便于存储、检索、传递。因此，信息加工整理要本着标准化、系统化、准确性、时间性的原则进行。

8.2.2.3 信息的储存和传递

1. 信息的储存

经过加工处理的信息，按照一定的规定，记录在相应的信息载体上，并把这些记录的信息载体，按照一定的特征和内容，组织成为系统的、有机的、可供人们检索的集合体，这个过程称为信息的储存。

信息储存的主要载体是文件、报告报表、图纸、音像资料等。信息的储存，主要就是将这些材料按照不同的类别，进行详细的登录、存放，建立资料归档系统。

资料的归档，一般按以下几类进行：一般函件、管理报告、计量与支付资料、合同管理资料、图纸、技术资料、试验资料、工程照片等。

2. 信息的传递

信息的传递是指信息借助一定的载体从信息源传递到使用者的过程。

信息在传递的过程中，通常形成各种信息流，常见的有：自上而下的信息流，自下而上的信息流，内部横向的信息流，外部环境信息流。

8.2.3 基于BIM技术的项目信息管理平台

在建设项目中，需要记录和处理大量的图形和文字信息。串通的数据集成是以二维图纸和书面文字进行记录的，但当引入BIM技术后，将原本二维图形和书面信息进行了集中收录与管理。在BIM中“I”为BIM的核心理念，也就是“information”，它将工程中庞杂的数据进行了行之有效的分类与归总，使工程建设变得顺利，减少和消除了工程中出现的问题。

BIM技术的核心是建筑信息的共享与转换，而当前，较为成熟的BIM软件只能满足相应几个专业之间的信息传递。为了方便多部门多专业的人员都可以利用信息的共享和转换来完成自己的专业工作，需要构建基于BIM技术的建筑信息平台，使每个专业人员在共同数据标准的基础上通过信息共享与转换，从而实现真正的协同工作。

8.2.3.1　项目信息管理平台概述

项目信息管理平台的内容主要涉及施工过程中的五个方面：施工人员管理、施工机具管理、施工材料管理、施工环境管理、施工工法管理，即人、机、料、环、法，如图 8-1 所示。

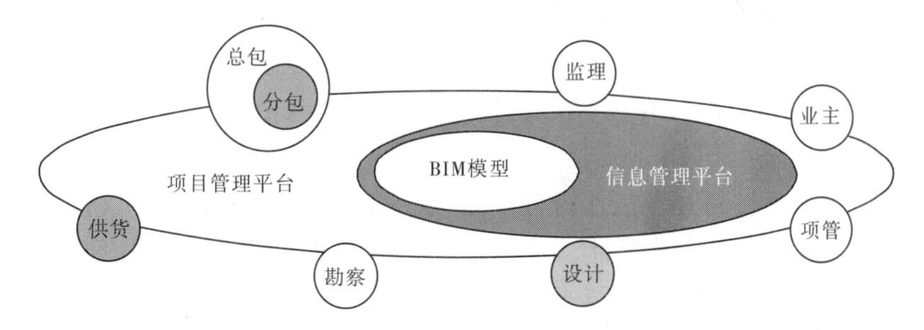

图 8-1　基于 BIM 的施工人员管理内容及相互关系

1. 施工人员管理

在一个项目的实施阶段，需要大量的人员进行合理的配合，包括业主方、设计方、勘察测绘方、总包方、各分包方、监理方、供货方人员，甚至还有对设计、施工的协调管理人员。要想使在建工程顺利完成，就需要将各个方面的人员进行合理安排，保证整个工程的井然有序。引入项目管理平台后，通过对施工阶段各组成人员的信息、职责进行预先录入，在施工前就做好职责划分，能保证施工时施工现场的秩序和施工的效率。

施工人员管理包括施工组织管理和工作任务管理，方法为将施工过程中的人员管理信息集成到 BIM 模型中，并通过模型的信息化集成来分配任务。基于 BIM 的施工人员管理内容及相互关系如图 8-1 所示。随着 BIM 技术的引入，企业内部的团队分工必然发生根本改变，所以对配备 BIM 技术的企业人员职责结构的研究需要日益明显。

2. 施工机具管理

施工机具是指在施工中为了满足施工需要而使用的各类机械、设备、工具，如塔吊、内爬塔、爬模、爬架、施工电梯、吊篮等。仅仅依靠劳务作业人员发现问题并上报，很容易发生错漏，而好的机具管理能为项目节省很多资金。

施工机具在施工阶段需要进行进场验收、安装调试、使用维护等的管理，这也是施工企业质量管理的重要组成部分。对于施工企业来说，需对性能差异、磨损程度等技术状态导致的设备风险进行预先规划，并且要策划对施工现场的设备进行管理，制定机具管理制度。

基于 BIM 的施工机具管理包括机具管理和场地管理，包括群塔防碰撞模拟、施工场地功能规划、脚手架设计等技术内容。

群塔防碰撞模拟：因施工需要塔机布置密集，相邻塔吊之间会出现交叉作业区，当相近的两台塔吊在同一区域施工时，有可能发生塔吊间的碰撞事故。利用 BIM 技术，通过 Time-liner 将塔吊模型赋予时间轴信息，对四维模型进行碰撞检测，逼真地模拟塔吊操作，导出的碰撞检测报告可用于指导修改塔吊方案。

3. 施工材料管理

在施工管理中还涉及对施工现场材料的管理。根据施工预算，材料部门要编制单位工程材料计划，报材料主管负责人审批后，作为物料器材加工、采购、供应的依据。在施工材料管理的物资入库方面，保管员要同交货人办理交接手续，核对清点物资名称、数量。物资入库时，应先入待验区，未经检验合格不准进入货位，更不准投入使用。对验收中发现的问题，如证件不齐全，数量、规格不符，质量不合格，包装不符合要求等，应及时报有关部门，按有关法律法规及时处理。物资验收合格后，应及时办理入库手续，完成记账、建档工作，以便及时准确地反映库存物资的动态。在保管账上要列出金额，保管员要随时掌握储存金额状况。

基于BIM的施工材料管理包括物料跟踪、数量统计、数字化加工等，利用BIM模型自带的工程量统计功能实现算量统计，以及对RFID技术的探索来实现物料跟踪。施工资料管理，需要提前收集整理所有有关项目施工过程中所产生的图纸、报表、文件等资料，对其进行研究，总结BIM技术，经过总结，得出一套面向多维建筑结构施工信息模型的资料管理技术，应用于管理平台中。

物料跟踪：BIM模型可附带构件和设备更全面、详细的生产信息和技术信息，将其与物流管理系统结合，可提升物料跟踪的管理水平和建筑结构行业的标准化、工厂化、数字化水平。

算量统计：建设项目的设计阶段对工程造价起到了决定性的作用，其中设计图纸的工程量计算对工程造价的影响占有很大比例。对建设项目而言，预算超支现象十分普遍，而缺乏可靠的成本数据是造成成本超支的重要原因。作为一种变革性的生产工具将对市政工程项目的成本核算过程产生深远影响。

数字化加工：BIM与数字化建造系统相结合，直接应用于建筑结构所需构件和设备的制造环节。采用精密机械技术制造标准化构件，运送到施工现场进行装配，实现建筑结构施工流程（装配）和制造方法（预制）的工业化和自动化。

4. 施工环境管理

绿色施工是建筑施工环境管理的核心，是可持续发展战略在工程施工中应用的主要体现，是可持续发展的建筑工业的重要组成。施工中应贯彻节水、节电、节材、节能、保护环境的理念。利用项目信息管理平台可以有计划及有组织地协调、控制、监督施工现场的环境问题，控制施工现场的水、电、能、材，从而使正在施工的项目达到预期环境目标。

在施工环境管理中可以利用技术手段来提高环境管理的效率，并使施工环境管理能收到良好的效果。在施工生产中，可用先进的污染治理技术来提高生产率，并把对环境的污染和生态的破坏控制到最小限度，以达到保护环境的目的。应用项目信息平台可以实现环境管理的科学化，并能通过平台进行环境监测、环境统计方法。

施工环境包括自然环境和社会环境。自然环境指施工当地的自然环境条件、施工现场的环境；社会环境包括当地经济状况、当地劳动力市场环境、当地建筑市场环境及国家施工政策大环境。这些信息可以通过集成的方式保存在模型中，对于特殊需求的项目，可以将这些情况以约束条件的形式在模型中定义，进行对模型的规则制定，从而辅助模型的搭建。

5. 施工工法管理

施工工法管理包括施工进度模拟、工法演示、方案比选，通过基于BIM技术的数值模拟技术和施工模拟技术,实现施工工法的标准化应用。施工工法管理,需要提前收集整理有关项目施工过程中所涉及的单位和人员,对其间关系进行系统的研究;提前收集整理有关施工过程中所需要展示的工艺、工法,并结合 BIM 技术,经过总结,得出一套面向多维建筑结构施工信息模型的工法管理技术,应用于管理平台中。

施工进度模拟:将 BIM 模型与施工进度计划关联,实现动态的三维模式模拟整个施工过程与施工现场,将空间信息与时间信息整合在一个可视的 4D 模型中,直观、精确反映整个项目施工过程,对施工进度、资源和质量进行统一管理和控制。

施工方案比选:基于 BIM 平台,应用数值模拟技术,对不同的施工过程方案进行仿真,通过对结果数值的比对,选出最优方案。

8.2.3.2　项目信息管理平台框架

项目信息管理平台应具备前台功能和后台功能。前台提供给大众浏览操作,如图形显示编辑平台、各专业深化设计、施工模拟平台等,其核心目的是把后台存储的全部建筑信息及管理信息进行提取、分析与展示;后台则应具备市政工程数据库管理功能、信息存储和信息分析功能,如 BIM 数据库、相关规则等。一是保证建筑信息的关键部分表达的准确性、合理性,将建筑的关键信息进行有效提取;二是结合科研成果,将总结的信息准确地用于工程分析,并向用户对象提出合理建议;三是具有自学习功能,即通过用户输入的信息学习新的案例并进行信息提取。

一般来讲,基于 BIM 的项目信息管理平台框架由数据层、图形平台层及专业层构成,从而真正实现建筑信息的共享与转换,使得各专业人员可以得到自己所需的建筑信息,并利用其图形编辑平台等工具进行规划、设计、施工、运营维护等专业工作。工作完成后,将信息存储在数据库中,当一方信息出现改动时,与其有关的相应专业的会发生改变。

下面将分别介绍数据层、图形平台层及专业层。

1. 数据层

BIM 数据库为平台的最底层,用以存储建筑信息,从而可以被建筑行业的各个专业共享使用。该数据库的开发应注意以下三点:

(1)此数据库用以存储整个建筑在全生命周期中所产生的所有信息。每个专业都可以利用此数据库中的数据信息来完成自己的工作,从而做到真正的建筑信息共享。

(2)此数据库应能够存储多个项目的建筑信息模型。目前,主流的信息存储是以文件为单位的存储方式,存在着数据量大、文件存读取困难、难以共享等缺点;而利用数据库对多个项目的建筑信息模型存储,可以解决此问题,从而真正做到快速、准确地共享建筑信息。

(3)数据库的存储形式应遵循一定的标准。如果标准不同、数据的形式不同,就可能在文件的传输过程中出现缺失或错误等现象。目前常用的标准为 IFC 标准,即工业基础类,是 BIM 技术中应用比较成熟的一个标准。它是一个开放、中立、标准的用来描述建筑信息模型的规范,是实现建筑中各专业之间数据交换和共享的基础。

2. 图形平台层

第 2 层为图形显示编辑平台,各个专业可利用此显示编辑平台,完成建筑的规划、设计、施工、运营维护等工作。在 BIM 理念出现初期,其核心在于建模,在于完成建筑设计从2D到3D的理念转换。现在,BIM的核心已不是类似建模这种单纯的图形转换,而是建筑信息的共享与转换。同时,3D平台的显示与2D相比,也存在着一些短处:如在显示中会存在一定的盲区等。

3. 专业层

第3层为各个专业的使用层,各个专业可利用其自身的软件,对建筑完成如规划、设计、施工、运营维护等。首先,在此平台中,各个专业无须再像传统的工作模式那样,从专业人员手中获取信息,经过信息的处理后,才可以为己所用,而是能够直接从数据库中提取最新的信息。此信息在从数据库中提取出来时,会根据其工作人员的所在专业,自动进行信息的筛选,能够供各专业人员直接使用。当原始数据发生改变时,其相关数据会自动地随其发生改变,从而避免了因信息的更新而造成错误。

8.3 BIM技术在信息化管理中的应用

建筑信息模型(Building Information Modeling,BIM)是以建筑工程项目的各项相关信息数据作为模型的基础,进行模型的建立,通过数字信息仿真技术来模拟建筑物所具有的真实信息。BIM不是简单地将数字信息进行集成,而是一种数字信息的应用,是利用数字模型对建筑进行规划、设计、建造和运营的全过程。采用BIM技术可使整个工程项目在设计、施工和运营维护等阶段都能够有效地实现建立资源计划、控制资金风险、节省能源、节约成本、降低污染和提高效率,从真正意义上实现工程项目的全生命周期管理。

8.3.1 BIM技术在项目施工管理中的应用概述

BIM模型是一个包含了建筑所有信息的数据库,因此可以将3D建筑模型同时间、成本结合起来,从而对建设项目进行直观的施工管理。BIM技术具有模拟性的特征,不仅能够模拟设计出建筑物模型,还可以模拟不能够在真实世界中进行操作的事物,例如节能模拟、紧急疏散模拟、日照模拟、热能传导模拟等。在招标投标和施工阶段,利用BIM的模拟性可以进行4D模拟(三维模型加项目的发展时间),也就是根据施工的组织设计模拟实际施工,从而确定合理的施工方案来指导施工,同时还可以进行5D模拟(基于3D模型的造价控制)来实现成本控制。在后期运营阶段,利用BIM的模拟性可以模拟日常紧急情况的处理方式,例如地震时人员逃生模拟及火灾时人员疏散模拟等。

总的来说,施工方应用BIM技术可以带来以下好处:

(1)在施工阶段开展BIM技术的研究与应用,推进BIM技术从设计阶段向施工阶段的应用延伸,降低信息传递过程中的衰减。

(2)继续推广应用工程施工组织设计、施工过程变形监测、施工深化设计、大体积混凝土计算机测温等计算机应用系统。

(3)推广应用虚拟现实和仿真模拟技术,辅助大型复杂工程施工过程管理和控制,实现事前控制和动态管理。

(4)在施工项目现场管理中应用移动通信和视频技术,通过与工程项目管理信息系统结合实现工程现场远程监控和管理。

(5)研究基于BIM技术的4D项目管理信息系统在大型复杂工程施工过程中的应用，实现对市政工程有效的可视化管理。

(6)研究工程测量与定位信息技术在大型复杂市政工程及隧道、深基坑施工中的应用，实现对工程施工进度、质量、安全的有效控制。

(7)研究工程结构健康监测技术在建筑及构筑物建造和使用过程中的应用。

BIM在建筑结构施工中的应用主要包含三维碰撞检查、算量技术、虚拟建造和4D施工模拟等技术。

BIM在施工项目管理中的应用可以分为十一大模块，分别为投标应用、深化设计、图纸和变更管理、施工工艺模拟优化、可视化交流、预制加工、施工和总承包管理、工程量应用、集成交付、信息化管理及其他应用。其中，基于BIM的信息化管理的应用主要包括：采购管理BIM的应用、造价管理BIM的应用、质量管理BIM的应用、安全管理BIM的应用、BIM数据库在生产和商务上的应用、绿色施工、BIM协同平台的应用以及基于BIM的管理流程再造。

8.3.2 BIM技术在施工阶段中的应用

8.3.2.1 基于BIM的施工方案与技术措施评审

与传统的施工方案编制及技术措施选取相比较，基于BIM的施工方案编制与技术措施选取的优点主要体现在它的可视性和可模拟性两个方面。

传统的施工方案通常采用文字叙述与结合施工设计图纸的方式，将施工的工艺流程和技术措施予以阐述，这样往往会造成因对文字的理解不充分而影响施工质量和施工进度，造成不必要的浪费。

采用BIM技术，通过BIM模型，不仅可以对建筑的结构构件及组成进行360°的全方位观察和对构件的具体属性进行快速提取，还可以将施工方案与进度计划结合，在navisworks manage中进行施工过程模拟，直接将具体的施工方案以动画的形式予以展示，方便施工技术人员直接看出方案可行还是不可行、实施过程中会出现哪些情况、实施的具体工艺流程、方案是否可优化，从而保证在方案实施前排除障碍，做到防范于未然，避免盲目施工、惯性施工等可能遇到的突发事件，从技术方案上保证一次成活，减少返工造成的材料浪费。

8.3.2.2 基于BIM的质量管理

在本工程质量管理体系的总领下，利用BIM技术，将质量管理从组织架构到具体工作分配，从单位工程到检验批逐层分解，层层落实。具体实施流程如下。

1.施工图会审

项目施工的主要依据是施工设计图纸，施工图会审则是解决施工图纸设计本身所存在问题的有效方法，在传统的施工图会审的基础上，结合BIM总包所建立的本工程BIM模型，对照施工设计图纸相互排查，若发现施工图纸所表述的设计意图与BIM模型不相符合，则重点检查BIM模型的搭建是否正确；在确保BIM模型是完全按照施工设计图纸搭建的基础上，运用Revit运行碰撞检查，找出各个专业之间以及专业内部之间设计上发生冲突的构件，同样采用3D模型配以文字说明的方式提出设计修改意见和建议。在图纸会审阶段发现的设计图纸上的问题，运用 BIM 工作协作平台，能很好地与参与项目的各个单位进行快速交流沟通，减轻传统项目管理中的诸多繁杂工作。

2. 技术交底

利用 BIM 模型庞大的信息数据库，不仅可以快速地提取每一个构件的详细属性，让参与施工的所有人员从根本上了解每一个构件的性质、功能和所发挥的作用，还可以结合施工方案和进度计划，生成 4D 施工模拟，组织参与施工的所有管理人员和作业人员，采用多媒体可视化交底的方式，对施工过程的每一个环节和细节进行详细的讲解，以确保参与施工的每一个人都要在施工前对施工的过程认识清晰。

例如，工程中冷热水泵站、空压站房间的管道安装前，组织施工管理人员和作业人员，先在 Revit 中提取各个管道、管件的构件属性，尤其是重要部件和特殊部件的属性。将所有管道及管件的构件属性进行整理汇总，结合相应三维模型编制成表，分发给施工人员作为施工管理和施工作业的依据。结合施工方案和进度计划，模拟安装施工并以 4D 动画输出，从而组织施工人员了解管道安装施工模拟情景。

3. 材料质量管理

材料的质量直接关系到建筑的质量，把好材料质量关是保证施工质量的必要措施和有效措施，利用 BIM 模型快速提取构件基本属性的优点，将进场材料的各项参数整理汇总，并与进场材料进行一一比对，保证进场的材料与设计相吻合，检查材料的产品合格证、出厂报告、质量检测报告等相关材料是否符合要求并将其扫描成图片附加给 BIM 模型中与材料使用部位相对应的构件。比如，在项目施工过程中，将门联窗所使用的钢化玻璃及其检测报告等资料经扫描附加到模型中，以便管理和读取。

4. 设计变更管理

在施工过程中，若发生设计变更，应立即做出相关响应，修改原来的 BIM 模型并进行检查，针对修改后的内容重新制定相关施工实施方案并执行报批程序，同时为后面的工程量变更及运营维护等相关工作打下基础。

5. 施工过程跟踪

在施工过程中，施工员应当对各道工序进行实时跟踪检查，基于 BIM 模型可在移动设备终端上快速读取的优点，利用电话(如 iphone)、平板电脑(如 ipad)等设备，随时读取施工作业部位的详细信息和相关施工规范以及工艺标准，检查现场施工是否按照技术交底和相关要求予以实施、所采用的材料是否经过检查验收的材料以及使用部位是否正确等。若发现有不符合要求的，立即查找原因，制订整改措施和整改要求，签发整改通知单并跟踪落实，将整个跟踪检查、问题整改的过程采用拍摄照片的方式予以记录并将照片等资料反馈给项目 BIM 工作小组，由 BIM 工作小组将问题出现的原因、责任主体/责任人、整改要求、整改情况、检查验收人员等信息整理并附给 BIM 模型中相应构件或部位。

例如，在项目主体施工阶段，施工员可以利用随身携带的电话，根据 BIM 模型对强弱电管线预埋进行检查，然后将检查的情况记录整理，并配以现场检查情况照片，给模型中添加相应的构件。

6. 检查验收

在施工过程中，实行检查验收制度，从检验批到分项工程，从分项工程到分部工程，从分部工程到单位工程,再从单位工程到单项工程,直至整个项目的每一个施工过程都必须严格按照相关要求和标准进行检查验收,利用BIM庞大的信息数据库,将这一看似纷繁复杂、任务众多的工作具体分解,层层落实,将BIM模型和其相对应的规范及技术标准相关联,简化传统检查验收中需要带上施工图纸、规范及技术标准等诸多资料的麻烦,仅仅带上移动设备即可进行精准的检查验收工作,轻松地将检查验收过程及结果予以记录存档,大大地提高了工作质量和效率,减轻了工作负担。例如,在房间开间、净空及净高的检查验收,以及管道安装位置的检查和验收中,可以利用移动设备,在BIM模型中对要检查的数据进行标注,即可立即得到精确的数据,避免从不同的施工图纸中去查阅、计算等,从而让工作变得简单轻松且准确无误。

7. 成品保护

成品保护对施工质量控制同样起着至关重要的作用,每一道工序结束后,都应该采取有效的成品保护措施,对已经完成的部分进行保护,确保其不会被下一道工序或其他施工活动所破坏或污染。利用BIM模型,分析可能受到下一道工序或其他施工活动破坏或污染的部位,对其制订切实有效的保护措施并实施,保证成品的完好,从而保证施工的质量。

8.3.2.3　基于BIM的安全管理

BIM模型中集成了所有建筑构件及施工方案的信息,建筑本身的相关信息作为一个相对静态的基础数据库,为施工过程中危害因素和危险源识别提供了全面而详尽的信息平台。而施工方案配合进度计划则形成了一个相对动态的基础信息库,通过对施工过程的模拟,找出施工过程中的危险区域、施工空间冲突等安全隐患,提前制订相应的安全措施,从最大程度上排除安全隐患,保障施工人员的人身财产安全,减小损失产生的概率。

1. 危险源识别

建立以BIM模型为基础的危险源识别体系,按照《重大危险源辨识》(GB 12268—2005)的相关规定,找出施工过程中的所有危险源并进行标识。

2. 危险区域划分

将所有危险源按照损失量和发生概率划分为4个风险区(风险区A、风险区B、风险区C、风险区D),并依次采用红、橙、黄、绿4种颜色予以标出,在施工现场醒目的位置张贴告示,让施工人员清楚地了解哪些地方存在危险及危险性的大小。

3. 安全可视化交底

施工作业前,不仅要对施工管理人员和施工作业人员进行技术交底,还要对参与施工的所有人员进行安全交底,同样利用BIM模型,分析施工过程中的各个危险因素,采用多媒体进行详细的讲解,让施工人员尤其是施工作业人员了解危险因素的存在部位,掌握防范措施,从而保证每一个施工人员的人身财产安全。

4. 安全管控

按照危险区的划分,对不同安全风险区制订相应等级的防控措施,尤其是针对损失量大、发生概率高的风险区A和发生概率虽然不大但一旦发生则会造成很大损失的风险区B这两种风险类型,不仅要制订有针对性的措施和应急预案,还要组织相关人员进行应急演练,确保类似安全事故尽量不发生,即使发生,也要把损失降到最低。在日常施工生产过程中,也要严格按照安全风险区的划分,有针对性地重点检查相关施工过程和施工部位,并做到绝不漏掉任何一个可能造成安全事故的隐患。

8.3.2.4　基于 BIM 的环境管理

建筑施工过程中不可避免会产生很多固体废弃物、废水、有毒有害气体,以及扬尘、噪声等,将 BIM 模型和 Google earth 结合起来,分析施工现场所处的地理环境和周边情况,采取相应措施,减少或排除污染,同时利用 BIM 模型的信息平台,分解出会造成环境污染的相关工序工作,统一进行管控,实现绿色施工。

对于固体废弃物,采取分类堆放,将能回收利用的和不能再利用的分开,不能利用的按照相关规范和相关部门规定,在指定地点有组织地采用填埋等方式予以处理。

对于废水,则在施工现场设置三级沉淀池和废水处理池,经处理和沉淀并检测符合相关规定后再排入市政排水管网。

在施工过程中,将产生有毒有害气体的工作集中在一个地方进行,并采取足够的通风等措施,保障施工人员的安全。

对于施工过程中容易产生扬尘的施工环节,采取洒水、覆盖、隔离等措施,减少扬尘的产生,尤其是对于洁净室的施工,采取分区隔离封闭的措施保证施工过程达到洁净度的要求,从而保证洁净室的洁净度达到相关要求。

对于施工中产生较大噪声污染的工作,则采取统一部署,避开午休和晚上等容易干扰人休息的时间。

8.3.2.5　基于 BIM 的进度管理

与传统的进度管理相比较,基于 BIM 的进度管理的优势主要体现在以下三个方面。

1.进度计划可视化

无论是项目的施工总进度计划,还是具体到每一天的施工进度计划,都可以通过 project 编制或者直接在 navisworks manage 中编制进度计划,通过 timeliner 将进度计划附加给模型中的各个构件进行 4D 施工模拟,清晰直观地了解各个时间节点完成的工程量和达到的效果,方便项目的各个参与方随时了解项目的施工进展情况。

2.施工过程跟踪,精细对比及偏差预警

在 timeliner 中将人、料、机消耗量以及资金计划等附加给相应施工任务,在施工过程中,将实际施工进度和实际发生的资源消耗对应录入生成 5D 动画,timeliner 将自动进行精细化对比并显示结果,若实际进度发生偏差(包括进度滞后和进度提前),timeliner 将根据发生偏差的部位和发生偏差的原因自动提出警示,方便管理人员根据警示有针对性地制订切实可行的纠偏措施。

3.纠偏措施模拟

根据 timeliner 提出的进度偏差警示,针对发生偏差的原因采取相应的组织、管理、技术、经济等纠偏措施,但所制订的措施是否切实可行,是否能达到预期目标,通过 timeliner 模拟功能进行纠偏措施预演,直接分析纠偏措施的可行性和预期效果,避免措施不力达不到预期结果和措施过当造成不必要的浪费。

8.3.2.6　基于 BIM 的资源配置管理

在施工过程中,工程量计算、人料机管理、费用管理等都需要一个庞大的数据库做支撑。BIM 模型最大的特点就是将工程项目的所有信息集成在一套完整的模型中,并能够很好地兼容其他软件系统，为工程建设提供强大的数据支撑和信息保障。

1. 工程量计算

（1）利用 Revit 中“明细表/数量”工具或 navisworks manage 中“Quantification”工具，能够快速、准确、精细地计算并提取所选定施工任务的各项工程量信息，并以表格的形式输出，大大减轻了工程量计算的负担，方便工程量按照不同要求进行统计汇总与整理。

（2）在施工过程中，将实际施工过程中的消耗量录入到 BIM 模型中，并以日、周、旬、月、季度、半年、年等不同单位时间生成相应报表，方便各个管理部门进行统计和对比，掌握项目的实际进度等情况。

2. 人料机管理

结合项目进度计划与工程量等相关信息，制订人力、材料、机械的需求量计划并组织落实，使施工过程中的劳动力和管理人员在满足需要的同时不出现冗余；使材料的采购数量和供应时间恰到好处，减少库存数量从而减少材料保管费用和资金积压，避免因材料短缺造成务工的现象，执行限额领料，减少材料损耗和不必要的浪费；使施工机具的配置刚好满足施工需要，调配使用有序，避免因闲置而造成浪费。

3. 费用管理

将各种材料的合同单价相应录入到 BIM 模型中，以分项工程为单位，将分部工程所消耗的人工工日和机械台班数量按照定额消耗量、计划消耗量、实际发生量、同类施工社会平均消耗量等分别录入并进行统计比较，找出其中的差别，对于费用结余的，找到产生结余的原因以作为降低施工成本的有效方法；对于费用超支的，找到产生超支的原因，分析并制订措施以控制施工成本在合理的范围内。在下一期施工任务开始前，可根据上一期或上几期的各项统计，准确地制订资金使用计划，降低资金使用费用。

在每个月的产值报表中，将附有各种材料价格和消耗量的 BIM 模型作为电子附件一并报于业主，这样不仅方便业主审核实际施工产值，更有利于业主方进行投资控制等相关工作。

8.3.2.7　基于 BIM 的施工过程管理

1. 土方施工

根据本工程的具体特点，在施工组织设计的总领下，按照施工进度安排，将土方开挖工作进行细化，具体到每一天、每一个机械台班应从什么地方开始挖、怎样挖、土方怎样运出、每台班挖方量等。

2. 基础施工

因为基础起着承载建筑所有重量并将其传递给地基的重要作用，在基础施工过程中，测量定位的准确性至关重要。根据施工设计图纸，在 BIM 模型中提取轴线等相关信息，并根据需要，做出相应控制线作为施工放线及基础定位检查的依据。

3. 模板工程

模板必须具有足够的刚度和稳定性才能保证混凝土构件在混凝土浇筑过程中成型良好，同时保证施工过程中施工人员的人身财产安全。因此，在施工过程中，必须严格控制模板的制作和安装过程。运用 BIM 技术，将模板工程分为支撑体系和模板制安加固两个小分项分别建立模型进行分析及施工管理。

(1)支撑体系。

根据施工组织设计，按照其描述的立杆间距、水平杆步距等相关搭设参数，在BIM结构模型中进行支撑体系深化设计，按照1:1的比例搭建支模架模型，检查可行性、安全性、经济性、合理性等。

(2)模板制安加固。

在BIM结构模型中，根据施工组织设计文件等相关要求进行模板深化建模，根据模型中模板的种类、形状、尺寸准确地进行模板制作，模板制作应在木工加工房进行，制作好后经检查无误方可运至相应位置进行安装，安装时应先根据BIM模型中模板模型的位置进行精准放线，然后按照控制线、边线等控制模板安装的水平位置及标高，加固方式也应严格按照模型中所示加固方式和要求进行。

4. 钢筋工程

施工过程中，钢筋分项工程的施工难点在于如何精确下料才能既满足设计及规范要求，又使钢材原料能得到最大限度的利用，减少余料、废料的产生，以达到节约成本的目的。利用Revit“明细表/数量”工具，快速从模型中提取钢筋明细表，以此作为钢筋下料、制作的依据。

在钢筋绑扎施工时，钢筋应严格按照BIM模型中钢筋的排布规则和排布方式进行排布，绑扎过程中，应随时将现场实际绑扎情况与BIM模型进行比对。若发现有与BIM模型中不相符合的，要立即停止绑扎并进行整改，确保所绑扎的钢筋始终保持一致。

将不同部位的钢筋的绑扎要求以注释的方式在BIM模型中标识出来，方便施工人员随时查看，以防出错。同时，将相关规范、图集等资料以链接的形式附加给模型相应部位。

在施工过程中，施工员及BIM技术员应随时跟踪检查，看现场是否按照BIM模型进行绑扎，并随时拍摄照片予以记录，在分项工程验收时，更要按照模型中的钢筋排布和钢筋详细信息进行验收，将验收情况一一录入模型中进行存档备案。

5. 混凝土工程

混凝土的浇筑标志着构件结构施工的完成，混凝土浇筑质量的好坏直接影响到结构的受力，从而直接关系到结构的安全性，所以控制好混凝土浇筑质量在工程施工中是极其重要的，混凝土施工的重点是控制混凝土自身的质量、保证浇筑时具有良好的和易性、控制好混凝土浇筑的密实度、控制裂缝的产生以及做好后期的养护。

本工程采用商品混凝土，从混凝土拌和料的质量控制抓起，施工时派出至少1名BIM技术员到商品混凝土供应商的混凝土生产基地，指导和监督商品混凝土的生产，保证所生产的混凝土能达到设计强度且具有良好的和易性，将生产过程照片和配合比报告扫描件以图片的形式录入BIM模型中。

施工时，现场材料员应对混凝土到场时间做详细记录，同时，施工员应对混凝土的浇筑时间、浇筑部位、浇筑方式、现场情况等做详细记录，最后将所做的所有记录汇总于BIM工作小组。BIM技术员应如实将以上信息整理，连同混凝土图的测温记录、养护记录、强度检测报告、拆模时间等一系列资料一并录入BIM模型中进行归档。

6. 其他分项工程

对于市政工程项目中的其他土建、管道工程等，同样可以采用BIM技术，对施工方案进行 3D 建模并结合整个建筑模型进行方案实施论证和模拟,确保方案最优的情况下再经业主、BIM 总包、监理等单位审核批准后对参与施工的管理人员和作业人员进行多媒体可视化交底,以这样的方式避免返工浪费,节省工期,确保施工安全,以达到质量优良的目的。

8.3.2.8　基于 BIM 的运维管理

通过 BIM 模型,不仅可以看到建筑物的表面构造,还可以直接看到各个部位的隐蔽构造,在构件属性中还能对构件的各项物理性能、化学性能等进行深入的了解,在质量保修期和之后更长时间的运营期中,为建筑物各项功能的使用提供了详细的指导,也为建筑物的维护和维修提供了清晰的依据。

8.3.3　BIM 技术在进度、质量、安全、成本管理方面的优势

8.3.3.1　进度管理

1. 传统进度管理的缺陷

传统的项目进度管理过程中事故频发,究其根本在于管理模式存在一定的缺陷,主要体现在以下几个方面:

(1)二维 CAD 设计图形象性差。二维三视图作为一种基本表现手法,将现实中的三维建筑用二维的平、立、侧三视图表达。特别是 CAD 技术的应用,用电脑屏幕、鼠标、键盘代替了画图板、铅笔、直尺、圆规等手工工具,大大提高了出图效率。尽管如此,由于二维图纸的表达形式与人们现实中的习惯维度不同,所以要看懂二维图纸存在一定困难,需要通过专业的学习和长时间的训练才能读懂图纸。同时,随着人们对建筑外观美观度的要求越来越高,以及建筑设计行业自身的发展,异形曲面的应用更加频繁,如悉尼歌剧院、国家大剧院、鸟巢等外形奇特且结构复杂的建筑物越来越多。即使设计师能够完成图纸,对图纸的认识和理解也仍有难度。另外,二维 CAD 设计可视性不强,使设计师无法有效检查自己的设计成果,很难保证设计质量,并且对设计师与建造师之间的沟通形成障碍。

(2)网络计划抽象,往往难以理解和执行。网络计划图是工程项目进度管理的主要工具,但也有其缺陷和局限性。首先,网络计划图计算复杂,理解困难,只适合于行业内部使用,不利于与外界沟通和交流;其次,网络计划图表达抽象,不能直观地展示项目的计划进度过程,也不方便进行项目实际进度的跟踪;再次,网络计划图要求项目工作分解细致,逻辑关系准确,这些都依赖于个人的主观经验,实际操作中往往会出现各种问题,很难做到完全一致。

(3)二维图纸不方便各专业之间的协调沟通。二维图纸由于受可视化程度的限制,各专业之间的工作相对分离。无论是在设计阶段还是在施工阶段,都很难对工程项目进行整体性表达。各专业单独工作或许十分顺利,但是在各专业协同作业时往往就会产生碰撞和矛盾,给整个项目的顺利完成带来困难。

(4)传统方法不利于规范化和精细化管理。随着项目管理技术的不断发展,规范化和精细化管理是形势所趋。但是传统的进度管理方法很大程度上依赖于项目管理者的经验,很难形成一种标准化和规范化的管理模式。这种经验化的管理方法受主观因素的影响很大,直接影响施工的规范化和精细化管理。

2. BIM 技术进度管理优势

BIM 技术的引入,可以突破二维的限制,给项目进度管理带来不同的体验,主要体现在以下几个方面:

(1)提升全过程协同效率。基于 3D 的 BIM 沟通语言,简单易懂、可视化好,大大加快了沟通效率,减少了理解不一致的情况;基于互联网的 BIM 技术能够建立起强大高效的协同平台:所有参建单位在授权的情况下,可随时、随地获得项目最新、最准确、最完整的工程数据,从过去点对点传递信息转变为一对多传递信息,效率提升,图纸信息版本完全一致,从而减少传递时间的损失和版本不一致导致的施工失误;通过 BIM 软件系统的计算,减少了沟通协调的问题。传统靠人脑计算 3D 关系的工程问题探讨,容易产生人为的错误, BIM 技术可减少大量问题,同时减少协同的时间投入。另外,现场结合 BIM、移动智能终端拍照,也大大提升了现场问题的沟通效率。

(2)加快设计进度。从表面上来看,BIM 设计减慢了设计进度。产生这样结论的原因,一是现阶段设计用的 BIM 软件确实生产率不够高,二是当前设计院交付质量较低。但实际情况表明,使用 BIM 设计虽然增加了时间,但交付成果质量却有明显提升,在施工以前解决了更多问题,推送给施工阶段的问题大大减少,这对总体进度而言是大大有利的。

(3)碰撞检测,减少变更和返工进度损失。技术强大的碰撞检查功能,十分有利于减少进度浪费。大量的专业冲突拖延了工程进度,大量废弃工程,返工的同时造成了巨大的材料、人工浪费。当前的产业机制造成设计和施工的分家,设计院为了效益,尽量降低设计工作的深度,交付成果很多是方案阶段成果,而不是最终施工图,里面充满了很多深入下去才能发现的问题,需要施工单位的深化设计。由于施工单位技术水平有限和理解问题,特别是当前“三边”工程较多的情况下,专业冲突十分普遍,返工现象常见。在中国当前的产业机制下,利用 BIM 系统实时跟进设计,第一时间发现问题,解决问题,带来的进度效益和其他效益都是十分惊人的。

(4)加快招标投标组织工作。设计基本完成,要组织一次高质量的招标投标工作,编制高质量的工程量清单要耗时数月。一个质量低下的工程量清单将导致业主方巨额的损失,利用不平衡报价很容易造成更高的结算价。利用基于 BIM 技术的算量软件系统,大大加快了计算速度和计算准确性,加快招标阶段的准备工作,同时提升了招标工程量清单的质量。

(5)加快支付审核。当前很多工程中,由于过程付款争议挫伤承包商积极性,影响到工程进度并非少见。业主方缓慢的支付审核往往引起承包商合作关系的恶化,甚至影响到承包商的积极性。业主方利用 BIM 技术的数据能力,快速校核反馈承包商的付款申请单,则可以大大加快期中付款反馈机制,提升双方战略合作成果。

(6)加快生产计划、采购计划编制。工程中经常因生产计划、采购计划编制缓慢影响了进度。急需的材料、设备不能按时进场,造成窝工影响了工期。BIM 改变了这一切,随时随地获取准确数据变得非常容易,制订生产计划、采购计划大大缩小了用时,加快了进度, 同时提高了计划的准确性。

(7)加快竣工交付资料准备。基于 BIM 的工程实施方法,过程中所有资料可随时挂接到工程BIM数字模型中,竣工资料在竣工时即已形成。竣工BIM模型在运维阶段还将为业主方发挥巨大的作用。

(8)提升项目决策效率。传统的工程实施中,由于大量决策依据、数据不能及时完整地提交出来,决策被迫延迟,或决策失误造成工期损失的现象非常多见。实际情况中,只要工程信息数据充分,决策并不困难,难的往往是决策依据不足、数据不充分,有时导致领导难以决策,有时导致多方谈判长时间僵持,延误工程进展。BIM形成工程项目的多维度结构化数据库,整理分析数据几乎可以实时实现,完全没有了这方面的难题。

8.3.3.2　质量管理

1.传统质量管理的缺陷

建筑业经过长期的发展已经积累了丰富的管理经验,在此过程中,通过大量的理论研究和专业积累,工程项目的质量管理也逐渐形成了一系列的管理方法。但是工程实践表明:大部分管理方法在理论上的作用很难在工程实际中得到发挥。由于受实际条件和操作工具的限制,这些方法的理论作用只能得到部分发挥,甚至得不到发挥,影响了工程项目质量管理的工作效率,造成工程项目的质量目标最终不能完全实现。工程施工过程中,施工人员专业技能不足、材料的使用不规范、不按设计或规范进行施工、不能准确预知完工后的质量效果、各个专业工种相互影响等问题都会对工程质量管理造成一定的影响,具体表现为:

(1)施工人员专业技能不足。

工程项目一线操作人员的素质直接影响工程质量,是工程质量高低、优劣的决定性因素。工人的工作技能、职业操守和责任心都对工程项目的最终质量有重要影响。但是现在的建筑市场上,施工人员的专业技能普遍不高,绝大部分没有参加过技能岗位培训或未取得有关岗位证书和技术等级证书。很多工程质量问题都是由施工人员的专业技能不足造成的。

(2)材料的使用不规范。

国家对建筑材料的质量有着严格的规定和划分,个别企业也有自己的材料使用质量标准。但是在实际施工过程中往往对建筑材料质量的管理不够重视,个别施工单位为了追求额外的效益,会有意无意地在工程项目的建设过程中使用一些不规范的工程材料,造成工程项目的最终质量存在问题。

(3)不按设计或规范进行施工。

为了保证工程建设项目的质量,国家制定了一系列有关工程项目各个专业的质量标准和规范。同时每个项目都有自己的设计资料,规定了项目在实施过程中应该遵守的规范。但是在项目实施的过程中,这些规范和标准经常被突破,一来因为人们对设计和规范的理解存在差异,二来由于管理的漏洞,造成工程项目无法实现预定的质量目标。

(4)不能准确预知完工后的质量效果。

一个项目完工之后,如果感官上不美观,就不能称之为质量很好的项目。但是在施工之前,没有人能准确无误地预知完工之后的实际情况。往往在工程完工之后,或多或少都有不符合设计意图的地方,存有遗憾。较为严重的还会出现使用中的质量问题,比如设备的安装没有足够的维修空间,管线的布置杂乱无序,因未考虑到局部问题被迫牺牲外观效果等,这些问题都影响着项目完工后的质量效果。

(5)各个专业工种相互影响。

工程项目的建设是一个系统、复杂的过程,需要不同专业、工种之间相互协调、相互配合才能很好地完成。但是在工程实际中往往由于专业的不同,或者所属单位的不同,各个工种之间很难在事前做好协调沟通。这就造成在实际施工中各专业工种配合不好,使得工程项目的进展不连续,或者需要经常返工,以及各个工种之间存在碰撞,甚至相互破坏、相互干扰,严重影响了工程项目的质量。如水、电等其他专业队伍与主体施工队伍的工作顺序安排不合理,造成水电专业施工时在承重墙、板、柱、梁上随意凿沟开洞,因此破坏了主体结构,影响了结构安全。

2. BIM 技术质量管理优势

BIM 技术的引入不仅提供一种"可视化"的管理模式,也能够充分发掘传统技术的潜在能量,使其更充分、有效地为工程项目质量管理工作服务。传统的二维管控质量的方法是将各专业平面图叠加,结合局部剖面图,设计审核校对人员凭经验发现错误,难以全面,而三维参数化的质量控制,是利用三维模型,通过计算机自动实时检测管线碰撞,精确性高。二维质量控制与三维质量控制的优缺点对比见表 8-1。

表 8-1 二维质量控制与三维质量控制的优缺点对比

传统二维质量控制缺陷	三维质量控制优点
手工整合图纸,凭借经验判断,难以全面分析	电脑自动在各专业间进行全面检验,精确度高
均为局部调整,存在顾此失彼情况	在任意位置剖切大样及轴测图大样,观察并调整该处管线标高关系
标高多为原则性确定相对位置,大量管线没有精确确定标高	轻松发现影响净高的瓶颈位置
通过"平面+局部剖面"的方式,对于多管交叉的复制部位表达不够充分	在综合模型中进行直观地表达碰撞检测结果

8.3.3.3 安全管理

1. 传统安全管理的难点与缺陷

建筑业是我国"五大高危行业"之一,《安全生产许可证条例》规定建筑企业必须实行安全生产许可证制度。但是为何建筑业的"五大伤害"事故的发生率并没有明显下降?从管理和现状的角度看,主要有以下几种原因:

(1)企业责任主体意识不明确。企业对法律法规缺乏应有的了解和认识,上到企业法人,下到专职安全管理人员,对自身安全责任及工程施工中所应当承担的法律责任没有明确的了解,误认为安全管理是政府的职责,造成安全管理不到位。

(2)政府监管压力过大,监管机构和人员严重不足。为避免安全生产事故的发生,政府监管部门按例进行建筑施工安全检查。由于我国安全生产事故追究实行"问责制",一旦发生事故,监管部门的管理人员需要承担相应责任,而由于有些地区监管机构和人员严重不足,造成政府监管压力过大,加之检查人员的业务水平不足等因素,很容易使事故隐患没有被及时发现。

(3)企业重生产,轻安全,“质量第一、安全第二”。一方面,造成事故的发生,潜伏性和随机性、安全管理不合格是安全事故发生的必要条件而非充分条件,造成企业存在侥幸心理,疏于安全管理;另一方面,由于质量和进度直接关系到企业效益,而生产能给企业带来效益,安全则会给企业增加支出,所以很多企业重生产而轻安全。

(4)“垫资”“压价”等不规范的市场主体行为直接导致施工企业削减安全投入。“垫资”“压价”等不规范的市场行为一直压制企业发展,造成企业无序竞争。很多企业为生存而生产,有些项目零利润甚至负利润。在生存与发展面前,很多企业的安全投入就成了一句空话。

(5)建筑业企业资质申报要求提供安全评估资料,这就要求独立于政府和企业之外的第三方建筑业安全咨询评估中介机构要大量存在,安全咨询评估中介机构所提供的评估报告可以作为政府对企业安全生产现状采信的证明。而安全咨询评估安全服务中介机构的缺少,造成无法给政府提供独立可供参考的第三方安全评估报告。

(6)工程监理管安全,“一专多能”起不到实际作用。建筑安全是一门多学科系统,在我国属于新兴学科,同时是专业性很强的学科。而监理人员多为从施工员、质检员过度而来,对施工质量很专业,但对安全管理并不专业。相关的行政法规却把施工现场安全责任划归监理,并不十分合理。

2. BIM技术安全管理优势

基于BIM的管理模式是创建信息、管理信息、共享信息的数字化方式,在工程安全管理方面具有很多优势,如基于BIM的项目管理,工程基础数据如量、价等,数据准确、数据透明、数据共享,能完全实现短周期、全过程对资金安全的控制;基于BIM技术,可以提供施工合同、支付凭证、施工变更等工程附件管理,并对成本测算、招标投标、签证管理、支付等全过程造价进行管理;BIM数据模型保证了各项目的数据动态调整,可以方便统计,追溯各个项目的现金流和资金状况;基于BIM的4D虚拟建造技术能提前发现在施工阶段可能出现的问题,并逐一修改,提前制订应对措施;采用BIM技术,可实现虚拟现实和资产、空间等管理、建筑系统分析等技术内容,从而便于运营维护阶段的管理应用;运用BIM技术,可以对火灾等安全隐患进行及时处理,从而减少不必要的损失,对突发事件进行快速应变和处理,快速准确掌握建筑物的运营情况。

8.3.3.4　成本管理

1. 成本管理的难点

成本管理的过程是运用系统工程的原理对企业在生产经营过程中发生的各种耗费进行计算、调节和监督的过程,也是一个发现薄弱环节,挖掘内部潜力,寻找一切可能降低成本途径的过程。科学地组织实施成本控制,可以促进企业改善经营管理,转变经营机制,全面提高企业素质,使企业在市场竞争的环境下生存、发展和壮大。然而,工程成本控制一直是项目管理中的重点及难点,主要难点如下:

(1)数据量大。每一个施工阶段都牵涉大量材料、机械、工种、消耗和各种财务费用,人工、材料、机械和资金消耗都要统计清楚,数据量十分巨大。面对如此巨大的工作量,实行短周期(月、季)成本在当前管理手段下就变成了一种奢侈。随着工程进展,应付进度工作自顾不暇,过程成本分析、优化管理就只能搁在一边。

(2)牵涉部门和岗位众多。实际成本核算,传统情况下需要预算、材料、仓库、施工、财务多部门多岗位协同分析汇总数据,才能汇总出完整的某时点实际成本。某个或某几个部门不实行,整个工程成本汇总就难以做出。

(3)对应分解困难。材料、人工、机械甚至一笔款项往往用于多个成本项目,拆分分解对专业的要求相当高,难度也非常高。

(4)消耗量和资金支付情况复杂。对于材料而言,部分进库之后并未付款,部分付款之后并未进库,还有出库之后未使用完以及使用了但并未出库等;对于人工而言,部分完工但并未付款,部分已付款并未完工,还有完工仍未确定工价;机械周转材料租赁以及专业分包也有类似情况。情况如此复杂,成本项目和数据归集在没有一个强大的平台支撑情况下,不漏项做好三个维度(时间、空间、工序)的对应很困难。

2. BIM 技术成本管理优势

基于 BIM 技术的成本控制具有快速、准确、精细、分析能力强等很多优势,具体表现为:

(1)快速。建立基于 BIM 的 5D 实际成本数据库,汇总分析能力大大加强,速度快,短周期成本分析不再困难,工作量小、效率高。

(2)准确。成本数据动态维护,准确性大为提高,通过总量统计的方法,消除累积误差,成本数据随进度进展准确度越来越高;数据粒度达到构件级,可以快速提供支撑项目各条线管理所需的数据信息,有效提升施工管理效率。

(3)精细。通过实际成本 BIM 模型,很容易检查出哪些项目还没有实际成本数据,监督各成本实时盘点,提供实际数据。

(4)分析能力强。可以多维度(时间、空间、WBS)汇总分析更多种类、更多统计分析条件的成本报表,直观地确定不同时间点的资金需求,模拟并优化资金筹措和使用分配,实现投资资金财务收益最大化。

(5)提升企业成本控制能力。将实际成本 BIM 模型通过互联网集中在企业总部服务器中,企业总部成本部门、财务部门就可共享每个工程项目的实际成本数据,实现了总部与项目部的信息对称。

BIM 作为建筑业的一个新生事物,出现在我国已经有十多年了。通过 BIM 的实践应用,人们取得了一个共识:BIM 已经并将继续引领建设领域的信息革命。随着 BIM 应用的逐步深入,建筑业的传统架构将被打破,一种以信息技术为主导的新型架构将取而代之。BIM 的应用完全突破了技术范畴,将成为主导建筑业进行变革的强大推动力。

本章小结

本章结合目前工程信息管理的发展,介绍了信息的概念、特征、分类、使用条件,信息管理的过程及项目信息管理计划的编制。为了加强现代化信息的管理,本章结合 BIM 技术介绍了基于 BIM 技术的项目信息管理平台、BIM 技术在施工项目管理中的应用及 BIM 技术在项目信息管理中的优势。

学生在学习过程中,应注意结合时代发展,学习先进的信息管理技术,理论联系实际,使学生初步具备计算机信息管理和软件项目辅助管理的能力。

思考题

1. 市政工程项目信息包括哪些内容?
2. 市政工程项目信息如何分类?
3. 市政工程项目信息管理工作应遵循哪些原则?
4. 项目施工阶段应收集哪些信息?
5. 市政工程项目文件、档案包括哪些内容?
6. 市政工程项目信息管理系统的基本功能有哪些?
7. 决策支持系统的基本功能有哪些?
8. BIM技术在施工项目管理中的应用范围有哪些?
9. BIM技术在施工项目管理中的优势有哪些?

参 考 文 献

[1] 蔡雪峰. 建筑工程施工组织[M]. 北京:高等教育出版社,2002.

[2] 项建国. 建筑工程项目管理[M]. 北京:中国建筑工业出版社,2008.

[3] 一级建筑师执业资格考试用书编写委员会. 建设工程项目管理[M]. 北京:中国建筑工业出版社,2017.

[4] 中国建设监理协会. 建设工程进度控制[M]. 北京:中国建筑工业出版社,2017.

[5] 翼彩云. 建筑工程项目管理[M]. 北京:高等教育出版社,2014.

[6] 林文剑. 市政工程施工项目管理[M]. 北京:中国建筑工业出版社,2012.